BTS
紅遍全球的商業內幕

穩抓1%的客群，符合消費者期待，
在市場變熱時進場，把自己變成平台！

朴炯俊——著　黃秀華——譯

目錄

序言　防彈少年團的成功之路

「國家代表偶像」是韓國少男七人團體防彈少年團的閃亮頭銜。現在幾乎用什麼詞彙都不足以形容他們的耀眼成績。二〇一八年，防彈少年團的專輯在美國《告示牌》二百大專輯榜（Billboard 200）榮登冠軍；也是韓國第一個在推特（Twitter）的追隨者突破一千萬名、在Google趨勢搜尋榜名列第一的男子團體，還有其他發燒話題正在不斷上演。防彈少年團的人氣並非只有短期或局限在某個國境，二〇一八年八月到二〇一九年二月，他們推出新專輯並特別同步舉辦世界巡迴演唱會「LOVE YOURSELF」，從首爾開場，再到美國、歐洲、亞洲各地舉行，長達半年之久，看得出防彈少年團有意長期耕耘、與世界同步的企圖。

防彈少年團所創造的間接經濟效益已超過一兆韓圜，相關企業市值總額達數千億韓圜，伴隨著防彈少年團相關企業股價上升，韓國境內的娛樂公司股價也同時翻揚。韓國金融機構判斷，防彈少年團所屬的 Big Hit 娛樂經紀公司價值超過二兆。他們世界級的人氣在娛樂業界掀起了翻天覆地的變動。

比起顯而易見的《告示牌》排行名次，或者是二兆韓圜的經濟價值，更令人矚目的是他們到達現在這個地位的過程。從防彈少年團的成功背後代表的是今天社會文化潮流及經濟環境的變化，也隱藏著現代企業邁向成功的方程式。防彈少年團雖然隸屬小型經紀公司，但是甩開了響亮的娛樂集團的競爭者，成為世界級的團體。在現在這個超連結社會（hyper-connected society），企業經營者若想打進國際市場，就一定要研究防彈少年團的成功祕訣和商業模式。

許多專家指出，防彈少年團的成功祕訣是這段期間我們忽視掉的「誠心」，和我們眼睛看不到的「努力」。在成名前，防彈少年團的成員就以「練習蟲」[1]的封號聞名，直到成為世界級的明星也沒有改變，帶著誠摯的心持續努力。但是真的只要努力就能成功嗎？娛樂圈中努力的不只是防彈少年團而已，更有無數的練習生在辛苦努力中度過數年時間。

防彈少年團所傳遞的社會性信息，或是為少數弱勢者發聲的態度等，都是重要的成功要素。在此之前，儘管韓國音樂圈已有為數不少的歌手，針對校園暴力傳達出訊息，並在作品中賦予社會正義感、引發青少年共鳴的歌詞，和粉絲進行交流，但是只有極少數的歌手獲得比較大的成就。自從徐太志和孩子們、HOT等第一代偶像之後，這類歌曲流行已經結束了。既然如此，為何只有BTS脫穎而出？

蘊含真心的熱情和能量很重要，也是最難的成功要素。但是如果認為防彈少年團的成功祕訣僅是單純的真心、努力等膚淺的概念，企業就無法做出正確的決策。再加上如果想要遵循他們的成功模式，投入相當的費用和時間在商場上的話，不能說沒有風險。所以並非憑藉表面的「真心」和「努力」，還需要更具體的邏輯性的分析他們成功因素。

今天有許多新創公司誕生，在當下的經營環境裡，因為大企業掌控既得利益，新創公司想生存更是困難重重。防彈少年團的例子對小企業來說，如同荒漠中降下及時雨，他們不但戰勝以銅牆鐵壁封鎖狹小內需市場的大企業，還延伸到世界各地掌控全球市場。像作夢一樣，很帥氣的完成了夢想。

譯注1：一天到晚呆在練習室努力練習的蟲子。

找到讓自己怦然心動的事，盡最大的努力，透過和客戶的溝通、共感而實現自己的夢想，乃是所有新創公司管理者的心願。

冷靜環顧市場時，一百個具備這樣誠心誠意的企業中，能成功的大概只有一兩個，其他失敗的企業難道是因為不認真，還是嘴上說著要有誠意，但是沒有付出誠意嗎？一個企業的創立需要為期不短的時間經營，因此需要下很大的決心，也需要真心誠意和努力。根據我十幾年管理諮詢的經驗，幾乎沒有不付出真心的企業，也沒有一家公司是不認真努力的，都是投注自己人生在事業上，不輸給防彈少年團，每個經營者都有著自己的經營哲學和故事，並燃燒無盡的熱情。

在現代資本主義社會中，如果想做自己喜歡的事，即使賺不了錢，也應該要心甘情願。但是如果做著自己喜歡的事，就想著一定會成功，似乎與現實脫節。其實防彈少年團不單純只是抱著一個理想就獲得成功，也是經歷無數失敗之後，付出努力加上幸運造化而達成今日的成就。如果你的公司像防彈少年團所屬的經紀公司Big Hit娛樂一樣，屬於小規模企業，我想提醒的是，不要想著只靠真誠和意志就能卓越。有無數的案例，只懷抱理想性目標，認為「總有一天會被客戶認可的」，這樣的公司必將遭遇困境。

這也是為什麼我要用經營學的角度來分析防彈少年團的成長過程，明確定義其成功要素，透過管理架構和事例舉出可以適用於商場的實質原理。面對第四次工業革命，超連結和超智能的現代社會變化，企業必須記取這些要點，才可能成功。

本書關注的視角，不僅於防彈少年團所代表的文化概念產業，韓國從K-POP強國邁向文化強國，也可能脫胎換骨成為經濟強國和軟實力強國，防彈少年團在世界最大的音樂市場美國有所成就，讓K-POP出現轉機，所有的產業形成全國性超連結，帶領產業支配權和盟主的轉變。我們不走出去，競爭者就會攻進來。國際級的頂尖企業正虎視眈眈想牽制韓國市場，在這樣的情況下，我們不能做一隻井底蛙，必須延伸到更廣闊的全球市場，建造一個獨一無二的企業。

僅以單純理想性的意志去挑戰是困難的，必須洞察現代的商業環境，咀嚼成功原理。即使是小型企業，能夠讀懂現在市場的脈動，走近客戶的話，也是可以打敗競爭者，成長為成功的國際企業，這便是防彈少年團所給予我們最真摯的意義。

朴炯俊　二〇一八年秋

PART I

防彈少年團的神話

能阻擋像子彈
一樣的所有批判與時代偏見。

英國ＢＢＣ製作的「披頭四震撼克里姆林宮」紀錄片（二〇〇九），紀錄動搖共產主義的搖滾樂團披頭四的音樂。片中年輕人留著長髮，聽著蘇聯軍人從國外偷偷帶進來的披頭四的音樂，嘲笑蘇聯政府。由披頭四的英文「Beatles」縮寫「ＢＴＳ」掀起的「披頭四革命」，在二十一世紀則由韓國的防彈少年團（ＢＴＳ）展開。

防彈少年團症候群，震央在海外

二〇一七年十一月，防彈少年團登上美國三大頒獎典禮之一的全美音樂獎（American Music Award）表演舞台，獲得世界級的榮耀。二〇一七及二〇一八年連續兩年攻占美國最高地位《告示牌》音樂獎。首創韓國團體在《告示牌》頒獎舞台亮相表演。現場觀眾以韓文發音跟著防彈少年團合唱新歌〈Fake Love〉，讓《告示牌》的舞台現場變成了防彈少年團的演唱會場子。

美國流行音樂市場對韓國歌手而言，曾經是翻不過的高牆，門檻極高，特別是在《告示牌》頒獎典禮，除了英美音樂圈之外，外國藝人得獎的機會非常稀少。一九八〇至一九九〇年間美國的流行音樂市場，就連人氣十足的歐洲歌曲也都是英文歌詞。進攻美國市場的韓國頂尖歌手Wonder Girls和寶兒也是演唱英文歌，但成果皆不理想。

除了拉丁歌曲之外，他國語言的歌曲想要在美國的流行音樂市場獲得人氣，幾乎不可能。二〇一二年Psy的〈江南Style〉雖曾掀起熱潮，是因為有段中毒性的副歌，和B級文化趨勢相符的騎馬舞，流行的成分居多。防彈少年團從二〇一五年發行的主打歌卻一直登上《告示牌》排行榜，並榮登冠軍，而且全部都是韓文歌詞。

防彈少年團的成功，讓國際樂評連聲讚美。美國音樂媒體《滾石雜誌》稱讚「防彈少年團正式征服美國市場」；格萊美也稱防彈少年團：「這超級巨星團體最近稱霸北美排行榜，讓K-POP揚名世界」。英國《衛報》更將防彈少年團的成就和韓國的高峰會談並列，以「韓國另一個首腦」來形容。BBC更評價防彈少年團是「韓國最頂級的音樂輸出品」。

韓國的文在寅總統於二〇一八年五月二十八日傳達賀詞：「《告示牌》百大排行榜首，以及獲得葛萊美獎，加上體育場巡迴演唱，防彈少年團立志成為世界最具影響力的歌手，我為他們的夢想加油。」

接著在該年九月，防彈少年團獲得了一向以保守聞名的格萊美博物館邀約，被認可為實至名歸的藝術家。

打破無數紀錄的「紀錄少年團」

每次發行專輯都會刷新紀錄的防彈少年團也獲得了「紀錄少年團」的封號，第三張正規專輯發行時，光是預約量就有一五〇萬張的紀錄；在 HANTEO 排行榜回歸的第一週就創下一百萬張的銷售量。該專輯主打歌〈FAKE LOVE〉的音樂錄影帶在 YouTube 公開，只花了四小時五十五分就達到一千萬的觀看次數（世界最短時間的紀錄），約八天九小時就創下一億的觀看次數。他們再接再厲，在二〇一八年八月發表新歌〈IDOL〉的音樂錄影帶，公開只不過四天二十三小時就超過了一億人次的觀看數，創下了韓國團體最短時間突破一億的紀錄。現在防彈少年團官方ＳＮＳ追隨者有一千一百萬名。二〇一七年十二月美國的專業財經通信社 Bloomberg 發表的推特按讚數和轉推數有五億二百萬次的紀錄，大幅領先小賈斯汀的二千二百萬次，和川普的二億一千三百萬次，位居第一。

更有甚者，防彈少年團以 YouTube 內容之力建造了驚人的成果。在 YouTube，防彈少年團的影響力令人驚艷，光是超過一億觀看的音樂錄影帶就有十三首。尤其《Love Yourself 承 Her》的主打歌〈ＤＮＡ〉的音樂錄影帶觀看次數更超過四億。如果將防彈少年團的十首人氣歌曲合併計算，ＭＶ觀看數更超過三十億。不只如此，現在流行重新剪輯創作再上傳，防彈少年團的粉絲也創作出為數可觀作品。防彈少年團的粉絲俱樂部 A.R.M.Y 重製的影像，和側錄看防彈少年團ＭＶ的反應的影片，都在世界各國獲得熱烈迴響。

藉助如此的氣勢，防彈少年團打進了美國音樂市場的主流中心，美國時代雜誌《ＴＩＭＥ》報導：「網路世界最有影響力的二十五人中，防彈少年團是唯一進入名單的韓國人」。《紐約時報》更報導：「他們是美國人最愛的藝人第四十四名（亞洲歌手中唯一入選者）。」此外英國的BBC也報導：「防彈少年團在二〇一九年的金氏世界紀錄裡寫下了兩個新紀錄。」——包括推特最大活動量，及YouTube二十四小時最多觀看數的紀錄。

不只如此，對防彈少年團的周邊產業也造成影響，啟發他們第三張正規專輯新歌〈Love Youself轉Tear〉的書籍《你的心，是最強大的魔法》出版已經兩年，還逆襲銷售排行榜，創下週間最暢銷第一名的紀錄。和防彈少年團有業務往來的公司、擁有經紀公司股分的企業、和K-POP相關企業的股價全都一致性上揚。

「含土湯匙的偶像」變成中小企業的奇蹟

防彈少年團是熱門歌曲作曲家兼製作人房時赫所培養「還過得去」的偶像團體之一。「防彈」一詞來自能阻擋子彈的意思，賦予十幾二十歲的年輕人能抵擋社會偏見的壓迫，展現自己音樂價值的意義。

現在防彈少年團的音樂，主要描寫十世代二十世代青春年華的思想、生活、愛與夢想等主題，但是出道初期，卻是標榜傳統嘻哈團體的概念。根據防彈少年團隊長RM的說法，之前音樂走向並非是現在這種風格，原先是以傳統嘻哈團體培訓出來的，相較於舞蹈，更集中於唱歌和饒舌。

防彈少年團的經紀公司Big Hit娛樂是屬於中小型的企畫社，如果不是在媒體圈十分有影響力的大公司，發展便有限制。在資本雄厚及擁有大影響力的競爭對手排擠下，旗下藝人要排通告並不容易，因此很難在觀眾面前曝光。如此自然人氣下滑，陷入電視通告、演唱會、廣告機會縮減的惡性循環。

防彈少年團在出道早期也遭受此等困境。電視通告不順利，也沒有其他展現演技和廣告的機會，很難有收入。這樣的防彈少年團可以稱之為「含土湯匙的偶像」。連拍音樂錄影帶時都請不起專業演員，而以經紀人代打上陣。

唯一能夠期待的，便是熱門歌曲製造機房時赫的製作能力，但即便如此還是失敗了，因為過度傳統的嘻哈團體概念，在旋律和歌詞上偏離大眾性。二〇一三年的出道專輯《No More Dream》當時的銷售數字不到三萬張。第一張正規專輯《dander》公開只有一小時，便跌落音源排行榜外，因此要排電視通告更加困難。

他們是這樣度過了出道的時光。那時的防彈少年團只能稱得上是「有名作曲家房時赫栽培的偶像團體」，除此之外沒有其他能引起關注的焦點，似乎就要被遺忘了。

但是，之後《Dark&Wild》（二〇一四）、《花樣年華 pt.1」（二〇一五）、《花樣年華 pt.2」（二〇一五）等專輯獲得成功，第一次登上美國《告示牌》二百大專輯榜。特別專輯《Young Forever 花樣年華》（二〇一六）發行時獲得更高人氣，「花樣年華」系列到二〇一七年為止銷售高達一〇五萬張，防彈少年團正式進入國際級人氣偶像的行列。

防彈少年團相隔兩年發行的第二張正規專輯《Wing》（二〇一六），以K-POP偶像團體的身分在海外樹立史無前例的紀錄，一躍成為頂尖偶像。這張專輯進入《告示牌》二百大專輯榜第二十六名，《告示牌》世界專輯榜十八週連續前十名。並且在二〇一六年十二月獲得 Mnet 亞洲音樂大獎年度歌手獎、Melon 音樂大獎年度專輯獎，在韓國也登上顛峰。

之後二〇一七年和二〇一八年，在《告示牌》音樂獎獲得「最佳社群媒體藝人獎」，以各種優異成績正式登上世界舞台。自防彈少年團出道後，在全世界賣出了五百萬張以上的專輯，榮登世界級偶像之列。

防彈少年團是在業界常被稱呼「中小奇蹟」的團體。中小經紀公司出身的偶像，和主要的大經紀公司不同，一開始沒有話題性，也因為資本不足，無法投注資源在年輕的目標受眾上做行銷，很多時候需要在夾縫中求生存。就算在國內市場抓到好的時運，在海外市場卻沒那麼容易。大公司已經在海外的K-POP粉絲群中打響知名度，也會在偶像團體中培訓國外的團員，並累積海外演藝活動的經驗，在海外市場搶先占領有利的高地。因此中小公司要跟著做絕對不是那麼容易。但是防彈少年團克服如此不利的環境，在不短的時間內流血流汗持續奮鬥，達成現在這般亮眼成績。

防彈少年團獲得高評價的理由

義大利的歷史哲學家貝內德托克羅齊（Benedetto Croce）曾說：「所有的歷史都是當代史。」強調歷史認知主觀性，批評歷史即是掌權的勝利組主觀性的紀錄，也意味著客觀性的事實不重要。娛樂市場的勝利者——防彈少年團的歷史也是這麼寫下的。

在現代商業界，看待防彈少年團的成功，彷彿一切都是完美的規劃，卻閉上眼睛不看既有的缺點和失策。當然他們的成功是經過無數的努力和耐力達成的，沒有貶低的意思，但是詮釋他們是因為努力造就今日的成功，又太結果論了。最初，誰都不認為這是他們成功的因素，大部分的專家反而以批判的視角擔心他們的前途。那麼，以現在的觀點，專業評論者又怎麼看待防彈少年團的成功呢？

一般認為防彈少年團的成功可分為三大因素：

1 防彈少年團的實力

具有符合世界級標準、完成度高的歌曲，搭配舞蹈和外貌。國際流行音樂的專家表示防彈少年團的音樂與其說是「K-POP」，不如說是比較接近世界級的音樂。知名樂評黃承業（音譯）說明他們成功的原因：「防彈少年團的音樂以嘻哈為根基，融合了雷鬼、電子音樂、拉丁音樂等多種類型，是無國界的世界級音樂。除了以韓語演唱這一點，就嗓音和風格來說，相當符合世界趨勢，北美市場便自然的接受了。」除此之外，他們的表演和在舞台上展現出眾的能量、歌曲強烈的節奏感、結合層次感的編舞，能讓觀眾加倍感覺到他們無限的活力。

專家認為：「防彈少年團的音樂破除了K-POP風格類型的限制，多虧他們具體呈現了和國際市場趨勢相符合的音樂，因此海外的粉絲不會產生距離感，很容易就接受了。」

因為海外的粉絲不懂韓文，一開始聚焦在融合旋律、群舞和視覺震撼的音樂錄影帶，再加上，專輯本身具有多元的概念，成員們對專輯的製作參與度也很高，能以和大眾產生共鳴的歌詞擄獲人心，因此攻下世界市場。

2 防彈少年團傳達真摯的信息

韓國大部分的偶像團體成日在為所謂的「刀群舞」拚命，專注在消化特定的歌曲，但是房時赫對防彈少年團要求「你們應該要培養將自己的故事寫進音樂的能力」。因此防彈少年團在練習生時期，就要將自己的日常生活當成素材製作歌曲，沒有接受知名作詞、作曲家的協助，團員彼此之間教學相長，因此為成全團都具有作詞、作曲能力的團體。團員們直接參與專輯的製作，可以真正貼近年輕世代。防彈少年團出道以來一直積極參與專輯製作，將自己的故事融入其中，不管什麼樣的類型，都發送關於愛情、夢想、青春、徬徨等能讓粉絲有共感的信息。

防彈少年團開始受到國內外的矚目，是從「花樣年華系列」專輯發行時開始。透過專輯感受到青春的苦悶、煩惱、矛盾和痛苦，歌曲表現出十、二十世代的傷痛和愛戀，獲得很大的迴響。音樂錄影帶也都有差別性，團員被各自賦予不同的角色，串連後續的主打歌和欲傳遞的信息，激起粉絲對後續音樂錄影帶抱持很高的期待，這是內容差別化上的成功。

3 防彈少年團特有的「溝通交流」

防彈少年團透過SNS，將自己的心思、生活細節展現出來，從單純音樂活動到不為人知的自我個性等，一舉一動全部公開，和粉絲嘗試一種「橫向連結」。

這便是法國哲學家吉爾德勒茲（Gilles Deleuze）提出的「塊莖」理論

（rhizome），所謂「塊莖」是不分位階秩序，異質之間相互連結的網路構造。防彈少年團和粉絲A.R.M.Y的關係就像網路構造一樣。防彈少年團公開自己的一切來慰勞粉絲，粉絲一一回應偶像的留言，他們的關係就像橫向的網路連結。粉絲看待防彈少年團拍攝的音樂錄影帶已經超越了觀賞者的層次，並重新改編音樂錄影帶以再創造的生產者自居，藝術作品的價值也轉變成水平共有的價值。

防彈少年團從出道前就一直用推特和部落格和粉絲交流，也透過YouTube散播大量影像，經紀公司將團員個人的內容上傳到推特和部落格。這般的努力加上以群舞為基礎的高質感音樂錄影帶，跨越國界引起了海外樂迷的興趣，讓他們隱藏的真正價值開始發揮。透過SNS等社群媒體，漸漸將他們的韓文歌詞幾乎同步翻譯成各國語言，讓外國人也可以接收到他們歌曲中想要傳達的信息。關於青春的普世主題超越了國籍、人種和文化，防彈少年團也成為世界級的團體。

防彈少年團以他們獨有的長處為武器，專注進攻全球市場，理所當然可以成為頂尖的偶像。因此許多專家一致強調，如果韓國的企業也能像防彈少年團和他們的經紀公司一樣努力，學習他們的精神，韓國便能脫胎換骨，重新蛻變成真正的文化強國。

大眾音樂評論者江泰圭（音譯）針對所謂防彈少年團症候群表示：「雖然他們在內需市場費了很多心思，但同時也判斷自己的風格概念在海外也能被接受，並帶著國際性的視野去實踐。」這是給予了高評價的肯定。

關於防彈少年團神話的誤解和真實

這樣說來，所有的努力都是事前詳盡策劃的嗎？許多專家一致認為防彈少年團一開始就定位瞄準全世界的市場，並訂立長期計畫具體實踐而獲得成功。如同前面描述的，的確這是現在防彈少年團之所以成為防彈少年團的重要因素，但並不是一開始就如此計劃並實現的。

● 防彈少年團一開始就有進軍海外市場的念頭？

房時赫曾表示：「並非有意圖的進攻海外市場，剛開始企劃防彈少年團並和他們見面的時候，說實在作夢也想不到會有這樣的成績，並沒有制定栽培他們成為世界級的頂尖藝人的目標。」實際上，防彈少年團不像別的的偶像團體有其他國家的成員，從沒想過可以進軍世界。房時赫認為防彈少年團的成功要素：「我所認知的K-POP核心，包括視覺上的驚艷、音樂整體性的氛圍、帥氣的舞台表演。」說明雖然實力是重要的因素，但不是覬覦海外市場迎合世界舞台的那種實力。實際上他們出道早期的歌曲，YouTube的觀看次數在海外沒有太多的擴散，即使現在瀏覽率也沒有那麼高。

部分專家則認為，美國音樂市場早就看出防彈少年團潛在的音樂性和普遍性，開始矚目這個團體，但這不是事實。美國的音樂市場一直是非主流外國音樂人的墳墓，K-POP歌手在二〇〇八年左右開始試圖進軍美國市場，韓國最佳的人氣歌手：少女時代、KARA、RAIN、Wonder Girls、寶兒、2NE1等雖然都進軍了，卻未能拿下《告示牌》排行榜前面的名次，除了走詼諧路線的Psy之外幾乎全軍覆沒。美國市場對於防彈少年團沒有太大的期待，加上當時不管是現有的K-POP藝人或是防彈少年團，幾乎都沒有上電視的機會，只透過在美國的亞洲電視頻道做一點介紹。

● 和粉絲的交流是計畫中的策略？

在娛樂市場，大公司掌握大部分商品、音源、通告等資源，他們栽培的團體主要在首爾、京畿等區域實地活動，反過來說，中小經紀公司沒有餘力掌握商業活動，因此連上國內電視通告都感覺無法施展，防彈少年團乾脆將活動舞台移向網路，因為無法有太多主流媒體的通告、商業性的實地演出，乾脆自己製造大量的內容，投放在網路上。

這樣的背景之下，防彈少年團變成持續以全世界為對象進行（網路上）對話。中小型公司為了突破限制，反而製造和海外粉絲可以交流的機會。大公司對於音源的著作權非常敏感，粉絲們要進行二輪的創作受到很大的限制，相較之下 Big Hit 娛樂公司開放了所有權限，讓粉絲可以自由進行創作。因此和防彈少年團相關的內容蜂湧而出，也因此讓粉絲墜入防彈少年團的情網裡無法自拔。房時赫說明：「團員們從出道早期就把自己對這時代的想法持續在線上分享，透過數位媒體，好像也就對全球粉絲們造成很大的影響。」

● 以真摯的信息征服大多數的年輕階層？

一般主要的經紀公司在偶像出道的同時，就要登上音樂排行榜前幾名，出道之後進行無數的電視通告，相較之下防彈少年團的起點顯得較為寒酸，簡言之是在夾縫中求生存。防彈少年團出道的時候走的是傳統的嘻哈概念，以自由的文化基調和反抗的精神站在學生的立場發聲，挾帶社會性的信息從演藝圈出發，實際上第一張迷你專輯《O! R U L8, 2?》歌詞中「想玩想吃想撕破校服，Make money good money 早已歪掉的視線」、「Oh oh my haters 請再多罵我一些」、「現實傻瓜們的悲劇型喜劇」等都帶有強烈社會批判的色調。

反倒在早期，他們沒有覬覦大眾性的廣大市場而散發真摯的信息，聚焦在十幾歲的青少年叛逆的歌詞上，做為青少年學子的代辯者，針對學校暴力、社會不公，指控那些跟不上時代的思想。當時的行動雖然是為青少年發聲，但顯現大膽的叛逆精神，意圖在利基市場中製造話題。

不過業界和粉絲的反應卻沒有那麼好，自從九〇年代第一代的偶像之後，如此的概念大眾已經不領情了，被認為是另類的非主流文化遭受冷落。因為這種過激的嘻哈概念，防彈少年團也持續經歷失敗。不過苦悶的終點帶來了概念的轉變，以青春年少的想法、生活、愛情和夢想為主題，漸漸形成現在的風格。

認清真摯和交流力量的防彈少年團

防彈少年團的成功雖說是偶然，卻是非常有價值的結果。特別是這個時代，擁有豐厚資本的大企業壟斷大部分的產業，並築起銅牆鐵壁保護自己，在夾縫中面臨資金枯竭、利潤微薄的中小企業，為了要打贏大企業，在現實面必須要仔細推算成功個案的所有祕訣，甚至超越它。再者，甚至連大企業費盡心思也無法滲透的國際市場，防彈少年團獲得的亮眼成就，對企業家在分析現代的全球市場攻略時，無疑是扔出了一把鑰匙。防彈少年團在看似不可能的情況下翻越高牆，奇蹟般獲得成功，我們仔細分析這個奇蹟，不是像抓著浮雲般不著邊際的研究，而是就能促進商業機能而提出具體可行的計畫。

延世大學經營學系任日教授強調「企業應該學習防彈少年團的成功要素」。任教授說：「防彈少年團不是因為單純技術上使用SNS而獲得成功，他們僅是誠心的在SNS上和粉絲交流。」防彈少年團的隊長RM在寫下對女性不妥的歌詞遭受指責後，在SNS上傳了一張照片，照片裡他們在閱讀一本關於女權主義的書，看得出來他們在意批評的聲浪。以真誠的交流將粉絲視為自己人，才有了高忠誠度的粉絲團「A.R.M.Y」。再者，任教授強調，再怎麼溝通良好，沒有實力的話，防彈少年團也不會成功，「企業也是一樣，在真誠的交流基礎下，完備基本的商品內容，才能獲得消費者的支持。」

美國媒體CNBC認為，防彈少年團和其他K-POP團體最大的不同點在於「真誠」，在歌迷心中刻印的不只是一個團體，也是一群藝術家，具有傳達真誠的能力是讓美國粉絲增加的最大原因。

這樣的真誠是從哪來的呢？再者，這真的是成功的要素嗎？換句話說，只要具有真誠和熱情專注於音樂和演出，好好經營粉絲，誰都可以成功嗎？

將防彈少年團當做一個小型公司來看待的時候，如何在強大的競爭夾縫中成功搶占一席之地，為了從國內舞台延伸到世界的舞台上，該具有什麼樣的核心力量？商業的成功原理是什麼？現在就開始一一來檢視，防彈少年團從準備期間、沒沒無名的出道、到人氣上升征服世界，我們以商業的觀點多角度來探究成功實現的過程，以經營學的架構來觀察，成功的核心要素究竟為何？

PART II

防彈少年團的成功四核心

面對偏見和挑戰，
我們將為我們這一代和音樂而戰。

就商業的觀點，防彈少年團的成功因素可以區分為四個面向：時機（Timing）、目標客群（Targeting）、完備商品（Whole product）、話題性傳播（Viral）。

一、時機——選擇正確的時間點進場

指的是產品進入市場的時間點，即使具有相同的能力和戰術切進市場，長遠來看，也可分為成功的時間點和失敗的時間點。任何市場都有其潮流和週期，歷史證明，企業是否呼應潮流，將決定他們的成功或失敗。若市場在成長期，普通公司也可以變成常勝軍，連續獲得成功；但是市場若開始停滯，再怎麼卓越的企業也會嘗到失敗的苦果。

防彈少年團進入市場的時間點，恰巧是偶像團體進入全球市場的階段，二〇〇〇年代多虧了許多孜孜不倦宣傳Ｋ－ＰＯＰ的開拓者，適時炒熱韓流市場。然而，之前進入的Ｋ－ＰＯＰ音樂人付出無數心血，卻大多嘗到苦果而退出。企業進入市場便是如此，失敗的決定關鍵在於時機。關於這點，之後將說明市場成熟階段的架構。

二、目標客群——鎖定消費族群

所有的商品和服務必須集中在想要攻略的消費族群，超連結時代來臨，定位尤其重要，原因就是所有的消費者連結在一起，相互影響，且會發生骨牌效應。這現象在防彈少年團驅動的有機橫向連結、「塊莖」網路裡，更顯得神奇。就像核分裂一樣，一個原子核搭上原子核間的網絡，發生無法停止的爆發性連鎖活性反應。為了定義目標消費群，必須理解此等網路結構，攻占特定的族群，才會以數十倍的爆發力放大市場。企業要了解他們所擁有的優勢，為了有效率的傳導，在定義整體市場後，模擬可以掌握市場的網路結構，再等待成為起火點的目標族群成長。

以防彈少年團為例，定義K-POP的受眾可以擴張到英美文化圈的年輕階層，選定封閉的少數群體為受眾，由於他們具有轉移影響力到全體消費者的特性，在這些擅長網路的社會性少數群體中，防彈少年團展現偶像之姿，讓他們願意付出時間和努力，把偶像擴散到全世界，占有一席之地。

三、完備商品——打造現在市場中能散布的熱門商品

防彈少年團在出道時以強烈的嘻哈概念攻占目標族群或利基市場，雖然也不錯，但是受眾的範圍有限，無法掀起世界性的流行。在受到小眾些微的支持之後，防彈少年團轉向獻給大家更優秀的作品，以「花樣年華系列」為代表，強烈的故事性串連感性的元素，搭配旋律、舞台、影像、歌曲、歌詞等，打造了完備商品。

完備商品並非指所有的細節都很完美，也難說防彈少年團在K-POP的所有組成條件中都是最強的。這是指他們各項表現都跟目標受眾要求的水準相符合。

特別是對那些第一次接觸K-POP的美洲消費者而言，細微的品質差異並不重要，就客戶的觀點，整體的滿意度和水準獲得某種程度的信任，就會有爆發性的感染力。

四、話題性傳播——創造可以傳播的素材

在消費者接受產品的時期，如果目標受眾對商品有反應的話，為了擴大效應，應該提供有故事性的素材，讓作品可以輕易散布給其他顧客層，防彈少年團在話題

傳播這一方面做了很多努力。

為了傳播話題，防彈少年團製作了多樣的內容素材，讓粉絲可以自由參與創作，盡力做到溝通交流（小規模的公司為了擴大效應，不可避免要在網路世界全力衝刺）。但是話題傳播一直是最難達到的一項，對於勤勉刻苦的防彈少年團來說，其努力的成果意義非凡。前述所提三項要素——完美的時機、正確的目標族群、完整的商品，即使這三樣都具備了，少了話題傳播這一項，便可能讓事業成長停滯。大部分的企業投資到一定規模，為了跨大收益，會著眼於各種創造利潤的項目，反而忽視時時刻刻抓住客戶的喜好，商品的傳播便就此終結。

為了掌握最初計畫的目標市場，需要始終不懈的話題性傳播。防彈少年團和粉絲長期交流，一起往建設性的方向成長，因為這樣的努力，素材量源源不絕，粉絲們產出各式各樣重製的影像，結果創意內容生產的速度超越了消費的速度，形成一種良性循環。防彈少年團的王國以一個巨大的平台，讓粉絲們的活動量日漸增長，即使現在，規模仍在擴大中。

就商業的觀點，防彈少年團的成功可以從先前說明的四個面向來理解，因此，為了具體說明這四項元素，我們以經營學的案例和原理為中心，從防彈少年團的演藝活動中，找出能夠活用於企業經營的方法吧。

1 鴻溝行銷：選擇最適當的時機征服世界

K-POP風靡全球

二〇一三年，防彈少年團正式出道，他們基本上是從二〇一五年開始向海外市場擴張。如果說以真誠為武器的防彈少年團提早十年，不，五年好了，五年前就挑戰美國市場，會是什麼局面呢？或是五年後才前進美國，又會如何？能像現在一樣成功嗎？

被譽為「創新的代名詞」的史蒂夫．賈伯斯，一直夢想將業務用的PDA和mp3播放器結合成一個創新產品。因此和摩托羅拉合製了一款叫做ROKR的手機，在二〇〇五年上市，這概念相當於是智慧型手機的前身，但是當時智慧型手機還在導入市場的階段，消費者對於用手機聽音樂的概念很陌生，因此得不到大眾的支持，結果史蒂夫．賈伯斯和摩托羅拉分道揚鑣，不得不承認ROKR的失敗。在導入期，就算是賈伯斯都很難突破。在市場成熟期才有順應潮流的時機，現在雖然iphone很成功，每個人都可以便利的使用，但在智慧型手機誕生前，大家對智慧型手機的認識幾乎是零，因此在市場遭受慘烈的失敗。

二〇〇九年，蘋果公司的iphone 3GS一上市就獲得爆發式的人氣，在市場取得極大成功，和前述ROKR手機的差異又如何呢？其實，智慧型手機的技術本身並不是什麼創新製品，無線網路、mp3、觸控螢幕、播放影片等功能都是很早以前就開發的技術，但是這樣的技術並不是重點，為了讓消費者零距離接受商品，商品概念必須在他們心裡扎根，代表市場需要充分的成熟。

防彈少年團在市場環境確定成熟的時間點搭上了潮流，他們向外發展的二〇一五至二〇一六年，正是把聲勢強大的K-POP傳播給大眾的正確時機。

過去十年間，K-POP數次向國外叩關，世界各地的粉絲對K-POP沒有排斥感，認同K-POP所傳播的影像、品質，並且出現強烈的需求。過去亞洲、歐洲、南美洲的觀眾對於寶兒、RAIN、Wonder Girls、東方神起等偶像已經有了體驗，比較近年的Big Bang、Super Junior、少女時代、EXO，甚至在歐美圈掀起K-POP學習風。

防彈少年團絕對不是單單靠自身的努力就成功的，在他們之前已有許多K-POP偶像先驅者的努力，讓早期的哈韓族（主要是亞洲地區的小眾和青少年）炒熱了市場。對K-POP的潛在需求已經足夠，任何人聽著那麼一次K-POP，接觸到相關訊息，便減少許多抗拒感，換句話說，市場已經做好準備接受K-POP。

產業生命週期：讀懂全球市場的工具

若以K-POP市場潮流為例，解讀商業框架，可以這麼說：防彈少年團在受眾已經充分熟悉K-POP的狀態下切入市場，以最先關注韓流的粉絲層為目標（亞洲的青少年族群），因為集中精力於此，才能跨越鴻溝（chasm，指事業一開始看起來還不錯，卻無法發展得更好，最後身陷泥淖的嚴重停滯狀態）繼續成長。也就是說防彈少年團的崛起剛好和K-POP的成長期相符。這是過去K-POP先驅者的創新突圍，加上防彈少年團更加專注努力所聯合創造的佳績。市場大趨勢的潮流絕對不可逆，在這之前無論多努力，或者即使是比防彈少年團更優秀的團體向國際市場邁進也不會成功。

在業界，擁有觀察市場的眼光很重要，現在的經營環境已朝向國際化和大型化發展，技術發展變化得非常快速，在這樣嚴厲的大環境之下，光靠管理者的意志和努力想翻轉市場的潮流是很困難的。

創造當代價值的祕訣有兩個，一是掌握客戶需求提供新的產品及服務（創造市場），一是預見市場的趨勢，搭上時代潮流投入成長中的產業。前者需要相當多的努力並具有風險，後者相對安全。防彈少年團屬於後者，投入成長中市場的急流，並安全到達目的地。

當然，並不是只要投入成長中的市場就全部能成功，和防彈少年團同期進攻海外市場的許多優秀偶像團體還是失敗了，雖然搭上潮流很重要，但是交出符合潮流的商品更是一個大課題。事業的成敗更和產業生命週期（Industry Lifecycle）的各階段密切相關。只要知道各階段的基本定律，成功的可能性就會增加。

現在我們就判斷市場的方法和相應的方案，以多元的舉例和理論來闡釋。掌握變化萬千的市場，提出經營的法則，以獲得穩定的成功，是這一章節的目標。

隨者市場轉變的階段不同，到達成功的因素也完全不同，這就是所謂產業生命週期。產業生命週期可以分成導入期、成長期、成熟期、衰退期，由於數據通訊和科學技術的發達，產業生命週期越來越短，這象徵很多風險和機會並存，經營著必須正確掌握各階段的變化，才能使用適當的策略因應。

防彈少年團出道的二〇一〇年代初期，北美市場正屬於K-POP導入期。在

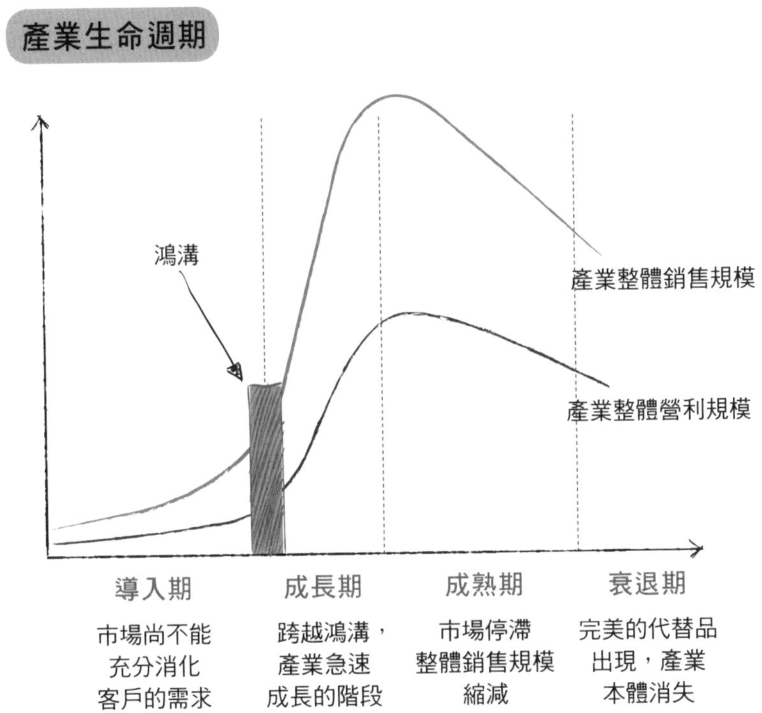
產業生命週期
鴻溝
產業整體銷售規模
產業整體營利規模
導入期
市場尚不能
充分消化
客戶的需求
成長期
跨越鴻溝，
產業急速
成長的階段
成熟期
市場停滯
整體銷售規模
縮減
衰退期
完美的代替品
出現，產業
本體消失

導入期的市場雖然有不錯的創意和個性化的音樂類型，但客層的規模還小，經濟效益也不大。

為了讓市場爆發，必須製作符合大眾眼光的好商品（完整商品），可惜這時的商品因為結構性原因，缺少某些基本要素。在導入期為了跨越鴻溝進入成長期，必須費心「建立品牌」，填補足夠的動能以引發「群聚效應」（又稱臨界質量，critical mass）。

「什麼都不問的創新」如同毒藥

防彈少年團常被描寫成英雄，以其真誠的音樂本質，在商業化、去個性化的K-POP市場掀起巨大的創新。但是防彈少年團真的以率直和真誠追求創新嗎？

也不知從什麼時候開始，創新成為大家信奉的教條。幾乎所有公司都積極在各部門推動創新，抱持著「沒有創新就無法存活」的強烈意念。但是在事業開始的時候，創新的必要性需要冷靜推算，在不著邊際為創新而創新的既定觀念下，創新的政策（新製品上市、進行新事業）難道不是盲從嗎？

就像大型經紀公司可以允許幾次的失敗，有條件性的嘗試創新。大企業具有餘力創新，是因為他們能分散風險。但是小規模的企業盲目推動創新的話，經常伴隨極大的風險，新企業一開始就圖謀變化的話，失敗的比例會比成功還要多，從眾所皆知的「3000 vs.1 法則」可以得知，在三千個點子中，只有一個可以創造商業性的成功。這比例並不誇張。

防彈少年團在市場所上呈現的作品，從 K-POP 的基準來看也不算創新，反而意圖縮減 K-POP 的創新性，努力讓這段期間 K-POP 已為人所知的特色更鮮活，同時去除有稜有角的部分，並修正音樂符合北美市場的喜好，同時結合黑人節奏的嘻哈和 EDM（電子舞曲音樂），努力貼近大眾的熟悉感。

導入期的泥淖——鴻溝

在防彈少年團剛出道的二〇一三年，大眾性的 K-POP 在北美市場尚不為人所知，這樣的產業階段屬於導入期，成功的機率極低，沒有充分的對應條件，盡可能不要進入市場。前面提過在導入期很難成功的原因，是因為從導入期要跨到成長期，有一個很大的間隙，稱為 chasm（鴻溝）。

大部分的創新事業都會被困在導入期的市場。過去像 SM 或是 JYP 等大型娛樂公司勉強投入大量資本進入導入期市場，反被鴻溝困住，收益降低，結果撤離市場，即使增加投資規模也不能解決問題。要越過導入期，不可避免的需要更久的學習時間。實際上，二〇一〇年代早期在北美市場，聽 K-POP 的人非常少，陶醉在 K-POP 的人只有偶發性、非常態的顧客。

在導入期，無法跨越鴻溝而出現市場縮減的情況，和衰退市場銷售總額減少的情況很容易被混淆，關於這點，最簡單的區分方法便是能不能和大眾的使用度相吻合。在這裡所指的一般大眾，不是指依照自己的需求、而是受周圍的人影響而盲從使用的顧客群。在導入期，一般大眾不會有什麼反應，只有嘗鮮者和早期採納者型的顧客會找這些商品來使用。一般而言，社會上稱為非主流類型的顧客，這時不管是產品還是服務都無法量產，形成高價的情況。

在導入期要跨越到成長期雖然很難，但只要跨越這個階段，就會擁有極大的成功，並且只有在那段期間執行成功要素的企業可以實現創新。

跨越鴻溝的基本條件是：市場能接受商品，以及大眾的爆發力超過群聚效應的臨界規模。兩樣條件同時具備的情況下，市場才能跨越鴻溝，出現爆發性的急速成長；條件不足的話，則停留在導入期，被困在有限的市場裡。

下面讓我們討論怎麼克服鴻溝。

原則① 等待市場充分變熱

防彈少年團在進入海外市場之前，K-POP不是因為水準低落，所以無法在海外市場流行，寶兒、Wonder Girls、Big Bang等歌手的音樂能量並不低於世界標準，舞台表現在當時的主流市場也都有相當高的水準，只是當時觀眾對韓流認識不足。我們可以來看看類似的案例：電動平衡車賽格威（Segway）。

二〇一〇年左右，「站著搭乘的雙輪滑板車」賽格威，被史蒂夫·賈伯斯讚譽為「自個人電腦以來最令人驚喜的發明」，但是到目前為止還沒有被消費者廣泛接受，可以說，它直到今日依舊無法跨越鴻溝停留在導入期。賽格威因為機能性和創新的技術，從一開始上市就受到很多人的矚目，也被期待在交通工具的發展史上添上一筆，但是人們對站著搭乘的滑板不熟悉，再加上價錢高昂、電池問題、基礎配備的限制等因素，賽格威成為只能賣給一部分固定顧客的商品。

再舉發生在韓國的例子。一九九〇年初第一個家庭餐廳概念的T.G.I.Fridays進入韓國。T.G.I.Fridays有很長一段時間停留在導入期。雖然海外的消費者對家庭概念的餐廳很熟悉，對菜單和服務也都能接受，形成很大的市場潛力，但對韓國人來說是一個陌生的概念，加上一致性的菜單、昂貴的價錢，長期以來遭受一般大眾的冷落，只有經濟能力還不錯、喜歡冒險嘗鮮的特殊顧客光臨。不過到了二〇〇〇年代初期，家庭餐廳開始急速成長，以海外的品牌OUTBACK STEAKHOUSE和BENNIGANS餐廳為首，加上國內品牌VIPS也一起助陣，迎來家庭餐廳的全盛時期。家庭餐廳成長的根本原因是什麼呢？單純是因為服務品質提高了嗎？

面對導入期的創新企業要獲得一般大眾廣大的迴響，必須花費很長的時間。顧客在這段時間體驗和學習，建立對新產品的認知，在這之前都不會貿然使用，所以企業在大眾準備好接受產品的期間，必須堅持將產品概念有意識或無意識灌輸給消費者。大眾性的認知和共鳴形成的話，跨越鴻溝的準備就算完成了。韓國的家庭餐廳市場在二〇〇〇年初形成共識，才能跨越鴻溝，展現市場的爆發力。

就商業觀點，在導入期進入市場的企業，為了讓一般大眾市場進入成長階段，必須支付「全國民眾教育費」。K-POP市場也一樣，在防彈少年團出道前，許多K-POP音樂人付出了大筆的教育費，教育著北美市場熟悉K-POP音樂。

如果不是極端的情形，企業在導入期不要消耗資源，必須等待，適當的時間再進入市場、投入資源都還不遲。防彈少年團靠近北美市場的時間點，正是導入期持續的時期。

在導入期可以預先準備的事是建立品牌。比起攻擊性的擴張市場，以收益性為主創建品牌、累積KNOW-HOW，樹立其他競爭者進入的門檻高度比較明智。防彈少年團出道後三至四年間培養作詞作曲的能力，累積舞蹈實力。最重要的是在這段時間內他們和粉絲始終不懈的共鳴，創造許多耳熟能詳的作品，建立了防彈少年團的堅固品牌。

既然如此，導入期到底有多長呢？雖然沒有標準答案，就我的經驗來說，儘管有行業別的差異，大概也要十年左右。就像過去一句名言「十年江山」，果然為期不短。以Wonder Girls、RAIN的例子來看，K-POP開始進軍海外市場也接近十年。就像在湯瑪士庫恩的「科學革命的構造」裡可以看到的論點：人類意識構造的變化不會太快，因為需要思維變遷轉移的時間。雖然想要成功的企業在導入期進入成長期之前，先邁出一步也不錯，但切記不要輕率的投入導入期和大環境的巨人對抗。像防彈少年團這樣，在導入期已經充分暖身之後才是進入市場的時機。

原則② 請只追一隻兔子

防彈少年團在亞洲發展初期，以長期集中目標客群的策略，在網路上勤奮交流，和少數的粉絲彼此交心。在這類集中受眾的策略，並在網路世界引起爆發性的傳播，還有類似過去韓國「泡菜冰箱」的例子。

冰箱製造公司 WiniaMando（現 Dayou-Winia），在九〇年後期發覺冰箱事業銷售的困境增加，家中必備食品的冷藏空間明明需要增加，但當時的主婦卻沒有在一個房子放兩個冰箱的想法，因此 WiniaMando 開始製造泡菜專用冰箱。現在韓國泡菜冰箱雖然非常普遍，但主婦們當時對「泡菜專用冰箱」的概念非常生疏，僅有非常小部分的人有反應。「泡菜冰箱」需要時間和消費者建立共感帶，即使公司投入大量宣傳和行銷活動，和投入的資源相比，銷量增幅並不高。之後 WiniaMando 在江南區募集了五百多名的「顧客評論團」，提供泡菜冰箱四個月免費的體驗專案，四個月後還可以半價購買，也可以退貨。令人驚訝的是，事後所有的主婦都購買了。藉著這個活動，泡菜冰箱漸漸在江南區主婦之間造成話題，口碑傳開後銷售也急速增長，在江南區的主婦之間獲得人氣，泡菜冰箱也漸漸在其他地區傳播開來，結果造成全國性的熱潮，需求也急速增長。

泡菜冰箱雖然度過長時間的導入期，漸漸為市場所熟悉，卻難以擴張銷售量，雖然市場已充分炒熱，卻沒有機會擴散。在導入期這樣的情況下，如果沒有特別的轉折點，有可能無法跨越鴻溝。此刻最重要的，便是激發能夠跨越鴻溝的群聚效應，為了要攻進成長期市場，必須超過臨界質量，這個能夠激發群聚效應的臨界質量通常和前導顧客群的規模相當。

在海外流行音樂市場，K-POP度過很長一段導入時期，和前例相同，雖然以狂粉為主漸漸為市場所知，卻難以誕生一首熱門歌曲。防彈少年團可以跨過鴻溝的祕訣在於以A.R.M.Y為首的粉絲團的力量，引發了群聚效應。群聚效應不是單純的購買客戶數，而是意味全體的活動量（購買客戶數×人均活動量）。

因為網路上大量散布防彈少年團的內容而入坑，成為鐵粉的小眾，就是對流行敏感的網軍，他們召喚了防彈少年團的話題性，透過鐵粉的口碑，防彈少年團漸為大眾所熟悉，在導入期超越早期採納者的臨界質量。

原則③ 熟記「三的法則」

三的法則是根據集體認同現象所出現的法則，人類有跟隨別人的傾向，並且有害怕在團體裡被排擠的心理，因此出現三的法則。自己身旁如果只有一兩個人做某一件事，很難引起其他人的興趣，但如果達到三人就會引起人們的關心，改變其行為。在某個社交團體中如果有三位朋友喜歡防彈少年團，一瞬間，社交團體裡所有人都會變成防彈少年團的粉絲。

之所以需要三個人，是基於我們對於團體的認知，形成團體最少的人數就是三個人。為了從導入期跨入成長期，需要顧客去影響他周圍的三個人。就像在泡菜冰箱的實例中所見，主婦團體中有三個人使用的話，就會發生所有人都使用的現象，這種方式就像團體間的骨牌效應一樣，因此在團體中致力掀起熱潮很重要。開始流行所需的最少顧客活動量就是前面提過的臨界質量，在一個群體中「三」就是臨界質量。

經歷導入期的大多數科技產業，在發展初期，短時間內維持一定數量的使用者非常重要，這必須要勤於灌溉。

不管是線上平台或是社群，因為共感帶（信賴）的形成，規模日漸成長。特別是像防彈少年團的粉絲俱樂部等社群，以重製的內容和熱烈的討論掀起自發性的互動。也就是說在社群流量具有一群顧客同時活動的慣性，彼此具有認同感，可以形成共鳴的話，流量就會急增，反之組織就會瓦解。

初期網站擴張，社群流量增加的話，會進入價格降低、品質提升的良性循環軌道，因此經營社群就像經營粉絲俱樂部，除了保住使用商品經驗的初期顧客，更在他們之間建立牢固的認同感，讓流量增加，這兩點很重要。

不過，面對導入期進退兩難的局面也常讓經營者陷入苦思。一開始，經驗積累緩慢、質量低、成本高，卻得同時在增加臨界質量時增加活動量。站在小規模的企業立場，很難爽快的做大規模投資，也難在短時間維持多數顧客的使用體驗，想要解決這個問題，就必須擬定盡可能縮小目標客群的策略，這會在下一章的主題「目標受眾」中說明。

SUMMARY 1

征服世界的時機

- 為了讓商品零距離的被接受，必須要讓商品概念深植人心，才能充分炒熱市場。
- 過去十餘年，K－POP被積極介紹到海外。防彈少年團在全球市場已對K－POP熟悉的時期進軍海外，剛好搭上成長的潮流。
- 在業界，最優先要建立的是觀察市場的眼光。現在經營環境走向世界化和大型化，在技術轉變非常快速的狀態下，經營者想以意志和努力轉變市場潮流非常困難。
- 產業生命週期由導入期、成長期、成熟期和衰退期構成。因為數據通訊和科學技術的發達，產業生命週期越來越短，意味者有更多的風險和機會同時存在。

- 從導入期跨越到成長期，會有一個需求停滯期存在，那便是鴻溝，若被困在鴻溝，表示消費者基本上還需要學習的時間。
- 為了越過鴻溝獲得成功，首先要等待市場已經充分被炒熱，以及努力建立品牌；其次，要集中資源於早期消費者，以達到臨界質量引發群聚效應。

2 目標受眾：集中在1%的顧客

防彈少年團以青春的苦悶故事譜寫成歌，特別為遭受困苦的階層或弱勢族群傳達信息。在〈Fake Love〉中訴說「在無法實現的夢中，栽培無法綻放的花。」描述青春的不安；在歌曲〈樂園〉中：「停下來也沒關係，不要漫無目的的奔跑，沒有夢想也沒關係，只要能感受短暫幸福的一瞬間。」傳達療癒的歌詞，以這樣的信息和弱勢族群站在一起，和粉絲產生共鳴。

防彈少年團曾經捐了一億韓圜給世越號罹難者家屬，並和聯合國兒童基金會聯手，為杜絕兒童、青少年暴力做宣傳，也參與多種社會募捐活動。此外，團長RM曾針對同性戀主題歌曲、麥可莫&萊恩路易斯（Macklemore& Ryan Lewis）的〈Same Love〉，以及出櫃的歌手特洛伊．希文（Troye Sivan）的歌曲〈草莓和香菸〉表示支持，在SNS中提及並採取袒護的態度。

美國大眾音樂專門雜誌《滾石》以「防彈少年團打破韓國禁忌」為專欄分析：「在韓國，流行歌手不輕易和政治扯上邊，大多數的偶像團體為了專輯成功，會走和政治不相關的路。但是防彈少年團違反常規，從出道開始，就針對不合理的社會、非異性戀者、成功的壓力等社會所有禁忌高歌。」

防彈少年團庇護社會弱勢族群，並為他們盡全力，不管有意無意，社會弱勢明顯是他們的受眾。RAIN和Wonder Girls等過去的K-POP明星們進入北美市場的時候，瞄準的是主流的大眾，因為公司有充分的資金，對自己的實力也有信心，然而全都失敗了。說防彈少年團和現存的K-POP音樂人的差異只不過在目標受眾，甚至說以目標受眾來決勝負也不為過。

行銷專家胡芭（Jackie Huba）的著作《忠誠怪獸》（*Monster Loyalty*），描述女神卡卡集中於1%女性受眾而成功的故事。女神卡卡曾自述自己是被「霸凌」的邊緣人，她為和自己有相同經驗的邊緣人發聲，建構她的核心支持底盤。然後和她處於相同處境的十世代少年少女開始支持她。女神卡卡成立基金會協助治療被霸凌的青少年，反對校園暴力，宣導預防青少年自殺。她也同時聲援非異性戀者，將支持階層擴張到二十世代的年輕人。

女神卡卡的粉絲俱樂部叫做「小怪獸」，意味在社會被當成怪物對待，或被排擠。她則稱呼自己為「怪獸媽媽」，有小怪獸保護者的意思。怪獸媽媽發揮社會影響力，小怪獸紮紮實實的集結成軍，成為女神卡卡最強力的支持者，也成為掀起社會波瀾的原動力。

防彈少年團和女神卡卡有類似的目標受眾策略，女神卡卡以在團體中遭受霸凌的邊緣人為受眾，防彈少年團則是以亞洲社會弱勢族群為受眾。不管是女神卡卡或是防彈少年團的粉絲，都有非主流的共同特徵，渴望能獲得別人的理解，在他們彼此之間也具有強力的網絡存在。

最近這類社會弱勢族群的聲音漸漸變大，政治上和社會上都增加了關心和友好的眼光，也因此防彈少年團和女神卡卡也獲得社會文化上的許多關注。

究竟擁有這類閉鎖性群體的支持，長期來看，會擁有正面的成果，還是負面的結局呢？特殊群體的粉絲團可以擴展到整體市場嗎？不會限縮在狹窄的市場裡嗎？關於這點，我們將結合網路行銷原理來探究。

沒有定下目標受眾的行銷永遠犯錯

許多經營者可能誤會何謂目標受眾，認為：「這不是定位受眾，而是放棄了顧客。」對於鎖定目標受眾之後，會錯過其他更多的顧客感到不安——但事實剛好相反，不定位目標受眾就會錯過所有的顧客。經營餐廳的管理者想要滿足不同客人的不同要求：家庭客要求裝潢、學生要求美味、上班族要求便宜。要滿足這一切，將出現誰也滿足不了的曖昧結果，客人再也不會光臨這家餐廳。

在過去供給不足的小城市，男女老少各類客人不得已被聚集在一家餐廳，不需要設定分眾。但是在供給增加、已成大都會的現代社會，只有能精確定位受眾、針對客人提供最優化的商品和服務的企業才能夠存活。

大部分企業有所謂「好就是好」的想法，無條件想擁有最多的客戶，但是想對所有的客戶販賣商品的瞬間，便掉落無法解脫的泥淖之中。

二〇〇〇年代初期，大經紀公司讓寶兒、RAIN、Wonder Girls等K-POP明星投入巨大的美國市場，那時的策略是以美國流行音樂市場的主要觀眾為目標，以量取勝。因為是大規模的市場，以K-POP明星的實力，判斷至少能有1%的支持者，這樣的話和投入的資金相比，算是獲得還不錯的回報，相信將是很有吸引力的生意。因此以建立主流的北美一般大眾為對象，大張旗鼓全方位行銷突襲，還上了數一數二的電視節目。但從結果論看來，所有的努力都失敗了。

對K-POP有興趣的只不過是散漫的、臨時來插花的顧客，構成主流的保守性美國大眾，對陌生的K-POP並沒有太大喜好。

和上述相同的還有幾個案例，專門產製重型摩托車的哈雷戴維森和休閒用品廠商AMF合併，集中火力開發小型摩托車，藉此想掌控大型摩托車及小型摩托車的全部市場，到七〇年代，其市場占有率反而掉到25%。韓國衣戀集團（E-Land）的SPA品牌SPAQ在二〇一一年也打出全世代（All generation）的口號，想打造一個可以賣給全世代的品牌，結果在女性服飾業慘遭滑鐵盧。可以說男女老少通吃的策略，在最近的市場沒有成功的案例。

大部分的新創企業，在新公司成立時含糊的定義目標受眾，抱持著：「無數的顧客中，總有人會買我的商品或服務吧！」這種不切實際的期待。因為期待著很多人將會購買使用，也將商品添加到最多的功能。其實，目標受眾是越具體越好，尤其是新企業的目標受眾要可以具體的被定義，並可以從周圍找到實際的人物，最好能找到認為這產品值得購買、有名有姓的實際對象。

你也許會懷疑：「不光定義目標受眾就可以了，還要找出有實際姓名的人是不是太誇張了？」但是，如果無法找到一個實際的人選認為商品值得購買，商品的失敗率將高達兩倍以上。因為這不是現實裡的需求，而是追趕假想世界中的需求，因為要製造一個「能賣出去的」具體商品是很困難的。

即便以所有人為顧客，定位目標受眾依舊很重要。以飛機座位的觸控螢幕節目表為例，在設計功能時針對的是「六十歲以上退休的體力勞動者」，但這群人並不是航空業者的主要顧客，為什麼為他們而設計？因為對年輕的高學歷者而言，即使是陌生的電子商品也能很快學會使用，反倒是「六十歲以上退休的體力勞動者」是對電子商品學習力最弱的族群，所以顧及他們能夠使用方便的目標方式來設計，這樣所有的顧客都可以輕鬆使用。所以目標受眾實質的意義是「可以賣給所有人」。

如果是這樣，定義目標受眾的原則是什麼呢？

讓顧客像骨牌倒下

九〇年代，星巴克提供了舒適有品味的休息空間，以高級咖啡專賣店的概念打開現今的咖啡市場，展現令人亮眼的成長。上市不過三十年，已經前進三十一個國家，開了超過七千間分店。星巴克也是因為精確的市場定位得以成功。

當時，星巴克以年輕時尚的顧客為受眾來設計裝潢，進入市場。早期一杯咖啡在韓國賣到四千至五千韓圜，成為備受責難的外國企業，反對的聲浪很高。一開始只有年輕女性的「早期採納者」光顧，但是漸漸開始流行，現在人人都毫無抗拒成為顧客，星巴克也變成大眾化的咖啡店，像骨牌那樣散播開來。如果一開始星巴克想要打造適合所有大學生、上班族、家庭主婦、老人等族群的空間，會變成怎麼樣呢？可能誰都無法滿足，變成兩邊不討好的店家，也無法造成流行。

骨牌被推倒的時候，不會從最後面開始倒下，只要最前面的一張骨牌倒了，就會一直倒到最後一張為止。行銷也是一樣，稱為顧客的骨牌，絕對不會從後面向前倒，必須從最前面開始推動，才能翻動到最後一個顧客。

人類是社會型動物，連結許多人際脈絡，幾乎可以說沒有人不受旁人的影響，只依據自己的意志購買商品。在情報通訊和社群網站發達的現在，不管有意識無意識，特別容易受到周圍人士的影響而引發購買欲。在今天不顧慮社群網路效果就做行銷是嚴重的浪費，企業應該以網路行銷為基礎，定位受眾，以最少的資源獲得最大的效果為目標。

每個企業設定的第一張骨牌受眾層不盡相同。防彈少年團剛開始的目標是青少年，最早接觸防彈少年團的音樂，並沈迷在其中的第一張骨牌也就是青少年階層。在這些青少年中又以東南亞地區的鐵粉為主，他們雖然規模很小，凝聚力卻很強大。

為了推倒骨牌，最前面的骨牌顧客規模非常重要，如前所述，為了炒熱市場所需的臨界質量，因為策略不同而有不同的測量方式，從群體間的骨牌效應可以略知一二，從一個凝聚力強大的顧客群體開始流行相對比較容易一些，這樣的情況下，所需的臨界質量不需要太大。

反過來說，若想要以全國民眾為對象，試圖製造廣泛的流行，反而會分散受眾顧客群，很難掀起流行，因為所需的臨界質量變很大。大部分的流行必須從一個凝聚力很強，會讓別人羨慕的顧客群體開始推動。

臉書開始流行時，只是個凝聚力強大，他人十分嚮往的哈佛大學內部社群網站，後來開始向外傳播。早期臉書是哈佛大學學生之間互相交換情報溝通的空間，但是封閉的網站集結凝聚力，活動的熱度開始向外擴散，以哈佛大學為中心，傳播到羨慕這些人的外校區，之後更擴散到全世界，成功走上良性循環的軌道。

為了能像這樣行走在良性循環的軌道，必需要達到臨界質量，這時需要社群網站的使用者和周邊熟人都有一定程度的使用量，有策略投資於特定的群體和有傳播力的群體才會有很好的效果。

「你必須要抓住利基市場，你必須要瞄準狂粉。」

這是從事娛樂事業的人常掛在嘴邊的話。

針對狂粉來做行銷，真的會讓實際的銷售呈現爆炸性成長嗎？事實上，防彈少年團出道早期，因為在有線電視台的《Show Me The Money》節目很紅，傳統嘻哈的娛樂市場走勢看好，被認為是業界的藍海，因此針對喜好嘻哈的族群展開演藝活動。早期雖然搭上嘻哈熱潮獲得不錯的反應，但是成長不久之後便開始消退，結果投資效益並不理想，讓人懷疑狂粉的概念是否有效。事實上，過時的概念也有成功的團體，相反的，也有多到數不清的團體因為瞄準狂粉而失敗。

重要的是要理解顧客的角色關係，大膽叛逆和濃烈暴力性的嘻哈音樂雖然可以從一部分青少年和嘻哈狂粉中獲得迴響，但對整體市場傳播而言，很難有特殊話題性的傳播，潛在的市場也太小。因此無法再擴張更多的顧客，規模就到此為止。

「十隻手指都咬，也有不會痛的手指。」不能將所有顧客都看成是一樣的顧客，要將拇指當成拇指、小指當成小指，每個指頭對刺激的反應不同，設定行銷方針也有所不同，應當依照影響力傳播的強度來進行策略。只用模糊的公式就對早期採納者出擊不是萬能的，即使是早期採納者策略，對追流行的顧客或保守的顧客而言，也需要不同的行銷決策。

商品上市後人們會出現幾個接受的階段，有個稱為「顧客商品接受週期」的策略性工具可以參考，從最先開始購買新產品來使用的嘗鮮者和早期採納者，到晚一點使用產品的保守大眾，下一節就讓我們一起來了解關於顧客對商品接受的週期，以及如何透過實例讓銷售爆發性成長的方法。

群眾是盲目的

主要客群和少數客群的差異是什麼呢？哪一個群體的情感紐帶比較強烈？在互相模仿上的差異有多大呢？人類既是社會性動物就會做社會性的決策，一起生活的人類有可能完全不受別人影響嗎？對社會性動物而言，歸屬感非常重要，沒有積極的歸屬感，流行的傳播非常困難。

特別像是具有話題性的偶像文化，活用人類這種社會屬性的行銷非常有力。

少數客群和主要客群的情感紐帶差異

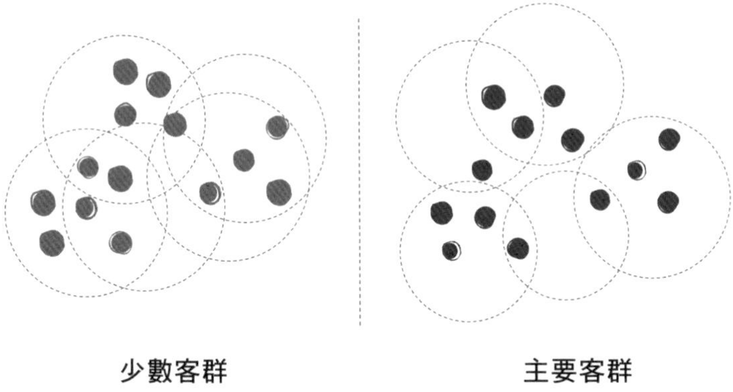

一般稱為主要客群的大眾顧客層大部分獨立生活，對紐帶關係沒有興趣。以大都會的富有階級為例，他們集中住在高樓裡，卻不關心別人的生活，甚至對隔壁鄰居也不打招呼，彼此也不想互相認識，雖然都聚在大都市裡，個人出生地、背景、學歷等千差萬別，不具有共感帶。就算有什麼特殊的流行事物，因為彼此不關心，所以也不會受到什麼影響。

相反的，防彈少年團形成的粉絲團屬於社會少數族群，具有強烈的紐帶關係，彼此緊密連結。他們了解彼此的困難，能夠對彼此的痛苦有共鳴。小城市的居民互相認識，發生什麼事馬上傳開來。雖然彼此太熟悉也是缺點，但困難的時候也可以相互有個依靠。群體間具有影響力，如果興起什麼樣的流行，所有成員都會一起參與。

從網絡的觀點來說，無條件之下以少數群體為受眾比較有利。從主要客群先開始流行的實例幾乎不存在。社會性力量的泉源總是少數群體，從少數群體出發的蝴蝶效應正呈現巨大的市場潮流。

New Balance 的 1% 受眾——女高中生的力量超越藝人名氣

接下來介紹一個和此相似的案例。New Balance 是在青少年群體中歸屬感很強的運動品牌，在青少年之間爆發流行後，接著擴展到全韓國。New Balance 早期的顧客和防彈少年團的粉絲十分相近。

New Balance 在韓國是衣戀集團旗下的主力時尚品牌。九〇年代後期雖然以運動鞋獲得亮眼成績，卻無法獲得爆發性成長，只能淪於過季商場廉價販賣，成為非人氣品牌。但是卻以二〇〇九年為起點銷售急速上升，現在在韓國是和NIKE、愛迪達並駕齊驅的品牌，之後過了十年仍是市場上的常勝軍，New Balance 的成功契機是什麼呢？

New Balance 精確定位他們所需要的少數群體做流行前導，啟動流行。仁川富平區所謂「很會玩」的女高中生便成為他們的目標，New Balance 成為富平女高中生之間的必需品，化身為一種歸屬感的標誌。

為什麼偏偏是「女高中生」呢？在韓國，對高中生而言歸屬感最重要，當他們發現「我的朋友都在做這件事，我沒在做耶？」便覺得好像會和朋友圈疏離，以至於夜裡睡不好覺。朋友們買的東西看起來很漂亮很好，我也必須要有。那麼為何要是「很會玩」的女高中生呢？對高中生而言，帶點叛逆的壞學生是受人羨慕的對象。也許以社會的眼光看來，叛逆的高中生會遭人非議，但在高中生之間卻渴望成為「會玩一點」又「很受歡迎」的群體一分子。叛逆的女高中生開始穿上 New Balance 時，憧憬他們的一般女高中生會最先注意到，並開始跟著穿 New Balance。

那又為何剛好是「富平」呢？富平是地域特色濃厚、居民間關係也密切的地區，雖然不是大都市，卻頗為自負，也常有被剝奪感。在富平出生長大的人「過個橋全都認識了」，也就是說在富平區內消息傳遞非常快速，這樣的群體間關係非常牢固，某種程度像是被孤立的「富平」區，開始流行起 New Balance 後，最終以「富平的叛逆女高中生」為時尚流行的出發點，成為行銷上理想的群體。

從顧客商品接受週期仔細分析，可以了解 New Balance 是針對有感染力的流行前導顧客，來帶動全國性的流行。有一部分專家認為當時是因為「李孝利的鞋」，被當成口碑宣傳，才造成 New Balance 的銷售成長，但這視角太過偏狹，因為當紅藝人穿著的單品在市場上失敗的不計其數。為什麼會失敗？不漂亮？還是因為設計不夠時尚？但是藝人又怎麼會採用不漂亮又沒時尚感的製品。從顧客商品接受週期來分析流行的話，便可以明確了解社群的現象。

流行從非主流開始

藉由這樣的現象，我們回過頭來看防彈少年團。防彈少年團經過概念轉變後，鎖定的主要受眾是亞洲地區的青少年，其中又以女性為主。這一代的青少年大部分是受上一代壓抑又被社會冷落的世代，沒有和父母長輩一起經歷偉大的經濟擴張期，也沒有靠自己雙手脫貧，開創物質性、經濟性成長的經驗，因此在老一輩的眼中，青少年大多是弱小、沒有夢想、連強烈的驅動力和意圖都沒有的世代。

但是這個世代的顧客層其實心中懷抱著強烈的夢想，並且具有和上一代對抗的強力紐帶關係，這樣的紐帶關係已經跨國際擴散開來，因為網路的發達、SNS的活躍，強力的社群網路成形，超越國境和人種，在東南亞地區不同國籍的人緊密結合，而以防彈少年團為首的偶像正是這類文化上向心力聚集的中心。如果觀察防彈少年團的粉絲俱樂部A.R.M.Y，正顯現出橫向的、具有共感的、強烈的紐帶關係。世界經濟的低成長和上一個世代的仗勢欺人，反而讓他們有強烈聚在一起燃燒熊熊烈火的渴望。

為了讓市場爆發，必須攻取大眾最前面的流行前導群體，因為大眾會跟隨他們，如果流行前導有所反應，便可以跨越鴻溝進入成長階段。

那麼，像防彈少年團一樣以亞洲小規模群體為長期受眾，就一定會成功嗎？過去像Block B等由中小型經紀公司栽培出來的偶像團體，也像防彈少年團一樣集中火力於亞洲市場，東方神起和Big Bang也都在亞洲地區獲得早期採納者的青睞，但是在當時未能吸引流行前導的顧客，未能引起大眾市場的爆發力。原因之一，就是市場還未充分炒熱，大眾未跟隨流行。其二，之前的K-POP明星基於收益考量，未能和防彈少年團一樣和粉絲真誠交流，或是因為沒有獲得信任。必須滿足這些所有的成功條件，才能夠引起市場的爆發力。

市場成熟的時候，在防彈少年團的努力下，流行前導顧客（亞洲地區的流行前導女高中生）有所反應，接著不分你我以防彈少年團的粉絲自居，開始爆發性成長。之後連對 K-POP 沒興趣的保守顧客都被這流行潮吸引，陶醉於防彈少年團的音樂和影片中。

人類組成社會、一起生活，不管是誰都會受他人影響，具有跟風的傾向。人們「跟風」基本原因是什麼呢？其實是社會的憧憬心理、歸屬群體的傾向和收集資訊的局限所導致。對流行敏銳的顧客憧憬流行和英雄，在有條件的範圍內會跟隨他們，這便是社會的憧憬心理。初期大眾顧客也仰慕對流行敏感的顧客群，想和他們維持歸屬感，覺得跟著他們購買物品比較安心，稱為歸屬群體的傾向。到後期，一般大眾顧客雖然想和初期大眾顧客維持歸屬感，但對購買的商品無法獲得所有的資訊，也沒有時間，因此基於相信流行的商品跟著一起買，就稱為收集資訊的局限。

從事行銷工作的人必須了解以上這些核心概念。接下來要說明顧客的商品接受週期運作框架。

將防彈少年團的顧客分類

防彈少年團的基礎粉絲團是亞洲地區的青少年，具有強烈的團結力，影響力甚至擴張到歐洲、美洲地區的同類群體。到美國的移民、留學的亞洲青少年當然是美國社會非主流的少數族群。因為他們遭受隱形的差別待遇和排擠，防彈少年團的文化很容易可以傳播開來。

商品隨著接受週期而擴散（請參考下頁圖示），如前述「跟風」順序，影響力擴張的順序始終是固定的，絕對不會逆行。不同接受期的顧客不同，行銷手法也各異。付同樣的錢買同樣的商品不會全都是同樣的顧客，行銷專家的能力由此可見端倪。一般的行銷部門會依據年長顧客、女性顧客、富有顧客等表面性的、人口統計學的角度來關注顧客，這是比較低程度的顧客分類，過去這樣的分類還可以發揮一定程度的效果，但是現在人口統計學和購買取向漸漸背離，年紀、性別、經濟力和購買商品間的關連非常低，現在這個時代表面的分類已經沒有運用的價值了。

顧客分析的目的在於販賣商品，找出顧客購買商品的理由來對應，年紀、性別、

商品接受週期顧客分類

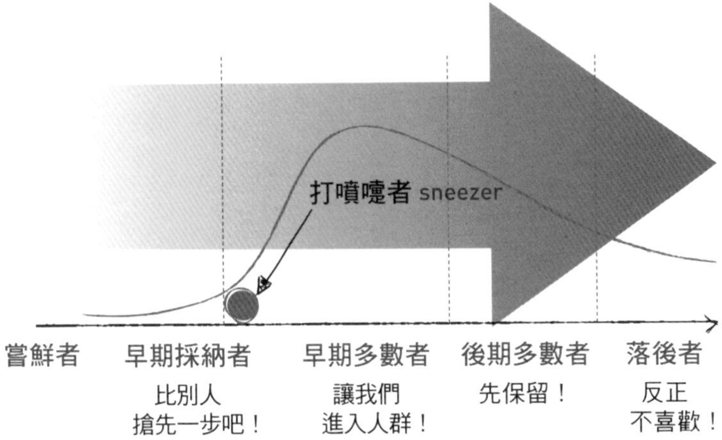

商品上市依此順序為顧客所使用：嘗鮮者Innovator ➡ 早期採納者Early Adopter ➡ 早期多數者Early Majority ➡ 後期多數者Late Majority ➡ 落後者Laggard

經濟力等不是重點，必須把握顧客的取向，了解購買行動的核心原因。

依照商品接受週期的顧客分類，來觀察每一個族群的取向和行動特徵吧。

嘗鮮者是無條件使用新產品的顧客，此類顧客群只要有產品上市，不考慮價值，先試用再說，喜歡對別人炫耀或仔細分析新商品功能。

嘗鮮者對於新的K-POP偶像出道，會先充滿興趣，聽他們的音樂，介紹給別人。對唱著傳統嘻哈音樂的防彈少年團，最先有所回應的就是嘗鮮者。其他像是電玩遊戲的試玩者（Beta tester）也可以看成相同的顧客群，臨床實驗的患者也可以看成是一樣的脈絡，主要在有積極需求（患不治之症的人就算稻草也緊緊抓住的心理）的顧客群身上顯現出嘗鮮者的傾向。他們是導入期最早出現反應的一次性顧客，因為總是尋找新的偶像團體，忠誠度非常低。

早期採納者是秉持體驗和價值觀，使用自己有興趣的產品的顧客群，這群顧客不在乎價錢，判斷有價值就會直接購買，主要是有經濟能力、開先鋒、引領潮流的人，常在媒體曝光的名流多屬於這類。防彈少年團出道初期兩、三年間，對他們的音樂有共鳴，始終支持購買行動，或參與粉絲活動的人即屬此類。他們對質感好的音樂很敏銳，但是根據自己的主觀，也毫無顧忌的接受非主流音樂。對早期採納者來說，「體驗」是最重要的決定因素。

先前高級甜點雪球餅乾（德國傳統餅乾，具有用錘子敲碎來吃的趣味）第一次進駐百貨公司時，早期採納者對雪球餅乾狂熱的理由，便是對新甜點的「體驗」。

早期多數者是早期對流行敏銳反應的大眾顧客群，他們雖然想成為早期採納者，但是因為經濟能力不足，但又憧憬早期採納者。這群人對品牌、品質、價錢都很敏感。以一般大眾採納的基準，算是最挑剔而理性的購買者。他們所購買的產品已經徹底通過所有考驗，獲得了信賴，開始急速向一般大眾散播。

在早期多數者最前端，有一群喜歡向別人傳播的顧客稱為「打噴嚏者」。打噴嚏者這個單字雖然意思是「打噴嚏的人」，但在行銷裡指的是喜歡向周邊人士宣揚新東西的群體。

打噴嚏者是早期多數者中最需要的流行先鋒。過去的K-POP偶像，基本上音樂性、外貌、音樂錄影帶等都在水準之上，但基於利潤考量，對於音源、影像播放等有所限制，無法吸引在乎價錢的打噴嚏者，相反的，防彈少年團無償提供高品質的音樂和播放權，可以吸引打噴嚏者，成為巨大爆發力的基點。

後期多數者為保守顧客群，是大眾顧客中晚一些才反應的群眾，這群顧客雖然不想追隨流行，但周圍所有的人都改變的話，基於社會性的壓力不得不購買產品。他們對流行沒有興趣，只是大家都這麼做了，只好相信並跟著做。一開始對流行商品冷嘲熱諷毫不關心，但是當這個商品變成潮流又無可挑剔的購買。他們不是經濟能力不足，對於「普通的」價碼十分樂意支付。此類顧客群最關心的是「只要和別人一樣就好，討厭自己被孤立」，對只要相信買過一次的品牌，顯現出強烈的忠誠度，是一般企業的現金牛（明確的收入來源）。

落後者是到最後都沒反應的顧客群，這群顧客和前述的早期採納者心態非常類似，但有強烈的主觀，只購買自己認為有價值的產品。每個商品的種類不同，商品接受週期也不同。對某個特殊商品的早期採納者，也可能是某一個商品的落後者。舉例來說，電子商品的早期採納者，雖然會購買人工智慧音箱，但對於流行的防彈少年團音樂，有可能最終都是沒有購買的落後者。

EXO從首都起步，防彈少年團從地方起步

商品接受週期是根據產業生命週期反應的顧客觀點所做出的行銷工具，商品接受週期雖是非常有利的策略工具，能具體活用的行銷或企劃人員卻非常少。大部分人都單純以「必須針對早期採納者」的信念經營品牌，有些大企業還以必須經營早期採納者的念頭舉辦了大型的宣傳活動，甚至主辦宴會。

早期採納者很重要。如果他們常常採納此產品炒熱市場，跨越過鴻溝，就能讓憧憬他們的打噴嚏者開始使用產品。但並不是經營好早期採納者就能跨越鴻溝。在前一章的產業生命週期提過，導入期的企業要成功非常困難，先將投資減少，等待

市場比較重要。早期採納者在導入期雖然就會行動，但是企業要在此階段就成功還是非常困難，需要更多的時間。

防彈少年團不是以韓國的早期採納者為受眾，而是瞄準亞洲的早期採納者和打噴嚏者群體。事實上在韓國，防彈少年團在地方上的人氣超過首都。

相較之下，和防彈少年團差不多同一時期的ＥＸＯ，主要在首爾和其他大都市活動，參與度和網路流量都很高；防彈少年團則是以地方和小城市為主，反應比首都圈還大。

首都和大城市的顧客大部分屬於保守大眾，雖然市場的餅很大，卻要花很多時間才能炒熱（這點和美國市場大餅很相似）。大部分大公司的偶像為了利潤，會以拍廣告、演戲等商業的播放活動為主，但是防彈少年團轉了彎，中小經紀公司的商業活動機會不多，透過非商業性的活動，集中在粉絲所在的地方和亞洲地區。

這就中小企業的立場來說是不可避免的選擇，結果卻變成十分傑出的選擇。

防彈少年團以東南亞的粉絲團為主力基礎，一開始從少數早期採納者開始粉絲活動，粉絲團逐漸形成了全世界的社群，以少數群體為主在已開發國家發展成強大

防彈少年團的關心度
（出道至 2018 年）

EXO 的關心度
（出道至 2018 年）

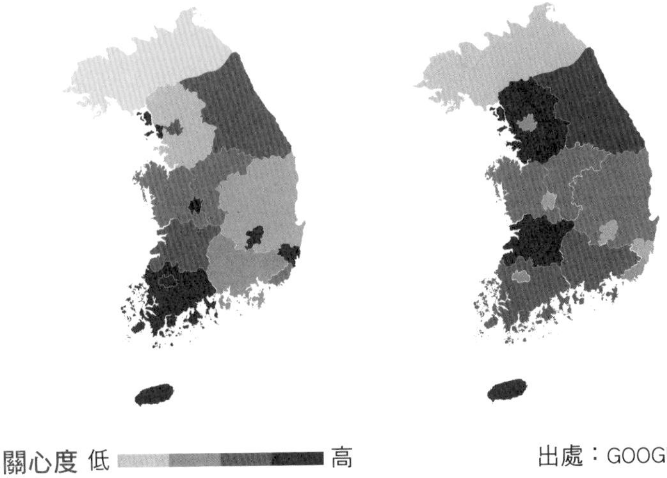

出處：GOOGLE 趨勢

全世界 BTS（防彈少年團）搜尋頻率趨勢

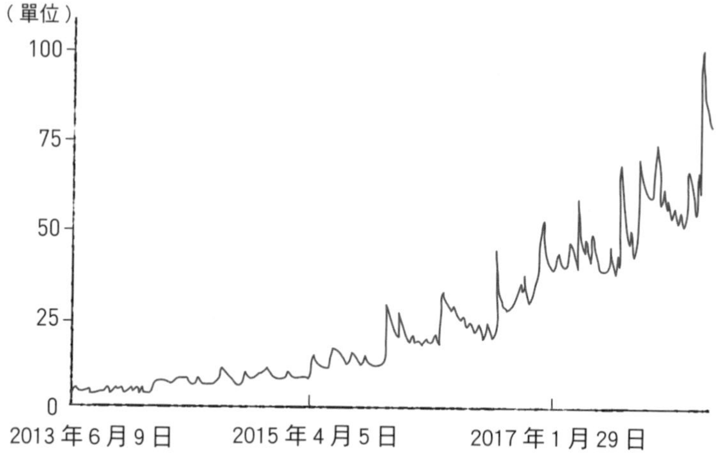

的粉絲團。

防彈少年團的人氣在二〇一五年還困在鴻溝裡，這段期間早期採納者盡全力擴張粉絲圈，之後獲得爆發的力道，防彈少年團在全球的人氣從二〇一六年開始顯著。這時主要挑大樑的角色為東南亞的粉絲。

從防彈少年團網路搜尋的互動參與量統計結果，依序為：菲律賓、印尼、馬來西亞、緬甸，看得出來東南亞的粉絲團是強而有力的支持層。

防彈少年團受眾的擴張是少數勢力的擴張，以東南亞為中心，在基本的K－POP粉絲中包含了黑人和拉美裔（拉丁美洲出生）等多元人種，創造了範圍廣大的粉絲團。結果掌握了美國和歐洲主要國家裡的少數民族，漸漸可以朝中心區域邁進。少數群體的擴張，在美國也可以從防彈少年團早期流行的區域顯現出來。防彈少年團的人氣傳播依序為加州、內華達州、德州、新澤西州，這些都是具有代表性的人口密度高，對外國文化十分開放的區域。

亞洲區的年輕粉絲扮演著北美流行音樂市場強力的打噴嚏者，擔任在網路世界傳播口碑的角色，在整體市場發揮影響力。企業考慮自身的能力，可能的話，緊抓可以推動大眾的打噴嚏者最有效果，在現在持續低成長經營困難的環境下，必須減少預算讓效益極大化。

因此在所屬領域裡，必須明確找出打噴嚏者群體是誰，並以他們為受眾。

Kiehl's的1%受眾——凝聚爆發力

和防彈少年團成效相似的商業例子，也可以從過去化妝品業界中看到。有「保溼面霜」代名詞之稱的Kiehl's（契爾氏），二〇〇四年還只是銷售額上升到二十億的小型化妝品品牌，但是到二〇〇七年銷售額年成長達兩倍，二〇一一年更成長為年銷售一千四百億的企業（統計僅限百貨公司通路）。二〇〇〇年度初期Kiehl's在清潭洞開設旗艦店，針對高價化妝品有購買力的顧客營運，在導入期構築高級品牌形象，當時Kiehl's在化妝品早期採納者之間雖然是大眾早就認識的品牌，但是無法實現爆發性成長而困於鴻溝內。

一旦Kiehl's三萬韓圜價格的保溼面霜一推出，便成為化妝品打噴嚏者最重要的火種，一直想使用看看Kiehl's的打噴嚏者，以前因為價格過於昂貴而沒有購買，但是很羨慕能使用的早期採納者。專櫃化妝品牌一推出合適價格的單品，便讓少數打噴嚏者有所行動，甚至發生百貨公司大排長龍的事件，造成的話題像病毒一樣急速擴散，從此Kiehl's跨越鴻溝，觸動了大眾購買，銷售爆發性成長。二〇〇六年到二〇一一年之間，Kiehl's年平均成長率寫下95％的紀錄，成為國民化妝品牌。

上述的案子和防彈少年團的受眾很相似。首先勤奮不懈集中早期採納者建構品牌，累積足以爆發的能量，接著展現能讓打噴嚏者族群反應的音樂和音樂錄影帶，引發大規模的話題性，結果甚至擴散到主要市場的保守大眾，帶來廣泛的流行。

如此掀起大眾顧客的流行方法像是：「在充滿瓦斯的房間裡，點一根火柴放進去」一樣，爆炸性的反應使商品一口氣跨越鴻溝。不過，為了凝結爆發力，通常也需要數年的努力。

The North Face 的 1% 受眾——征服非主流的時尚市場

防彈少年團的基礎支持為少數群體，如此的少數在主流社會無法獲得太大的矚目，但是他們是如何聚集的呢？傳播的成效可以擴展到全世界嗎？其中的原理和韓國的時尚流行發展很類似。時尚並非在首爾中心地帶的主流市場形成的，而是在釜山、大邱、仁川等，在人際網絡強大的少數群體之間形成流行，逐漸往主流市場傳播，和防彈少年團的音樂一樣。

我們不妨試著理解流行的傳播原理，如何以少數群體的文化超越保守的大眾文化。

許多文化、時尚產業的專家常以經驗來解釋流行的傳播原理，舉例而言，在時尚領域的流行是先從獲得先進產品的地方（主要為港口城市），嘗鮮者和早期採納者開始試著使用（不過殊價財是從經濟都市的富有地區開始流行），之後隨著時尚顧客的移動途徑傳播到都市中心，最終到達大都市。流行登陸了大都市的保守顧客群之後，會再次向全國蔓延，擴散到一開始無法接觸流行的地方民眾。

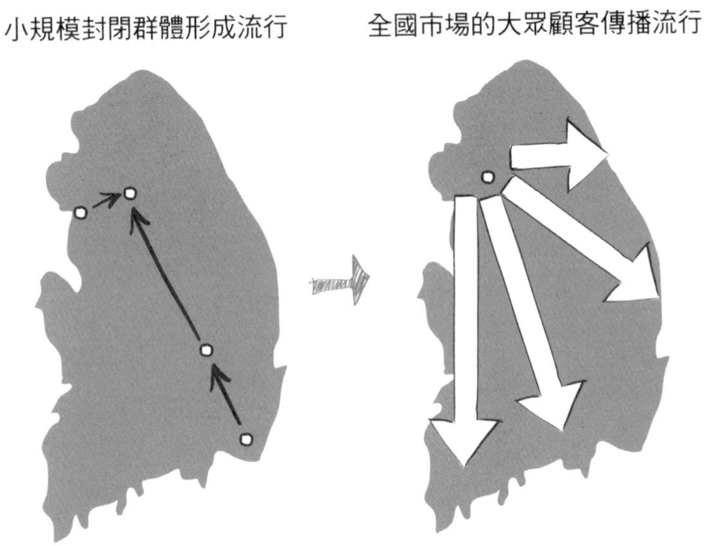

把這個模式套用到韓國的話，港口地區（釜山、仁川等）的早期採納者，從人際關係強大的地方開始流行，流行進入首爾後，再向全國擴散，戶外運動品牌 The North Face 的成長和此頗為相似。

The North Face 是銷售額兩兆，正版率90％以上的戶外運動品牌，擁有驚人的業績，現在雖然已經退流行，但在二〇〇〇年後半期被高中生稱為「冬季校服」，是大韓民國高中生間曾經大流行的品牌。The North Face 是如何成長的？許多專家舉出非常態的理由，像是機能性、漂亮的雙色設計、激發人們感性概念等等。這和主張防彈少年團是因為熱情和真誠而成功一樣有點太過抽象。參考商業的架構來分析，在商品接受週期裡，The North Face 是針對打噴嚏者群體而快速成長，而且完全是由時尚的打噴嚏者——高中生所創造出的大流行。

一九九七年進入韓國的 The North Face，在二〇〇〇年將戶外運動服時尚化，在戶外運動服市場跨越鴻溝進入成長期，但是一開始 The North Face 並非常勝軍。

身為外國品牌的 The North Face 早期缺乏認知度，只能迫使他們在外圍低價打折販售。但是某一年冬天在釜山物流港周邊的城市，The North Face 低價大量釋出，偶然間釜山某個暴力組織集體穿上 The North Face 黑色羽絨衣，此景進入了釜山正值叛逆期的男高中生眼裡，叛逆的男高生對暴力組織有種嚮往，為了和他們相似，高中男學生也憧憬起他們黑色羽絨衣上鮮明的 The North Face 商標，購買和他們一模一樣的衣服。

被稱為叛逆的高中生顯現出集體優越感，這在當地的高中學生之間成為極大話題，憧憬他們的同齡學生也不分你我買起 The North Face，想表現認同感，最後發生沒有穿上The North Face羽絨衣的同學在班上被排擠的事情，無計可施的一般平凡高中生也都穿上了The North Face。在關係緊密的學生群體間發展的流行蠶食釜山後，擴散到大邱，之後登陸首爾。The North Face因掀起社會性話題被大眾媒體廣泛介紹，這也製造了行銷效果，結果首爾的高中生也大部分穿上The North Face，這波熱潮開始逆向朝春川、全羅、江原等地方散播，最終影響了大學生和成人，掌握了整個韓國的孤立市場。

成為國民熱門商品的祕訣

防彈少年團的社會性少數群體粉絲團是如何對一般大眾造成影響的？在此值得一提。就像一開始大人們對於The North Face這個小孩穿的衣服不屑一顧，之後卻都穿上了The North Face一樣，防彈少年團乘著少數群體話題性的口碑逐漸影響一般大眾。

少數群體內的流行傳播可以用紐帶關係來說明，因為他們之間具有強烈的紐帶關係，容易透過一個事物做強力連結。一開始因為群體意識帶動流行，防彈少年團的歌曲成為話題，甚至演變成群體中沒聽過歌的人無法和其他人溝通，而感覺到被冷落，於是整體變成防彈少年團的粉絲。那麼他們又是如何打通亞洲，還征服了全世界呢？

防彈少年團征服世界和 The North Face 傳播流行的過程是一樣的原理，和過去孤立的國內市場不同，超連結社會的潮流將全世界變成一個市場，唯一的區別是搭上流行的網路列車。現在全球流行音樂市場可以稱為非主流的，是以亞裔少數群體（地理上分布於亞洲、南美、美洲一部分地區）為中心，在他們之間颳起最新 K-POP 的旋風，並且散布流行，登上了韓國主流市場和美國《告示牌》。這不是從上而下的方式，而是由下而上占領主流市場。

現在這股潮流反過來傳播到韓國和美國市場每個角落，散布到現在防彈少年團還沒傳播到的地區，也散布到現在還不熟悉 K-POP 的大眾顧客，防彈少年團正在由上而下持續傳遞的浪潮中。

The North Face 和防彈少年團兩個案例的共同顧客都是年輕階層，經濟能力不高，因此從社會整體來看屬於非主流。The North Face的早期顧客是對時尚敏感的地方青少年，在韓國整體市場比重非常低。防彈少年團的早期粉絲團是亞洲的青少年，在全球市場幾乎不曾獲得關心。那麼又如何樣傳播到經濟能力較高的主流顧客層呢？

「蒙娜麗莎」如何變有名？

主流群體跟隨非主流文化象徵什麼意義呢？主流群體其實並不憧憬非主流群體，但是若某樣事物形成流行的話，不管喜不喜歡都得要接觸。在過程中出現了累積學習的效果，多數群體並非因為早期採納者的「基本需求」，或流行大眾的「紐帶關係」，而是因為「學習效果」才接受了商品。對於屬於多數群體的人，防彈少年團可以被熟悉及滲透的理由只因為常常看見。常常接觸商品，只要聽說周圍的人都在使用的這個理由，自己去體驗的機會就會增加，隨著經驗累積，商品若口碑好就會被接受。

這便是美國社會學者鄧肯・華茲（Duncan Watts）主張的累積優勢（cumulative advantage）原理。根據華茲的理論：藝術是很難被輕易了解的，需要經歷多次學習才能慢慢感受到其價值，因此注定需要很多時間。但是一般普通人不會循序漸進學習藝術鑑賞，所以只要是有名的作品持續曝光，就會一直乘勢更有名。

一八五〇年代，李奧納多達文西得到的待遇，比其他同時代的畫家提齊安諾或是拉斐爾低很多，當時提齊安諾和拉斐爾的作品比「蒙娜麗莎」的價格高出十倍以上。「蒙娜麗莎」在進入二十世紀之後才變有名，其中的契機不是因為學者對它改變評價，而是因為發生了失竊事件。

二十世紀初期「蒙娜麗莎」遭竊，經過一番曲折離奇又找了回來。此事件因此變成人們談論的流行話題，人們開始為了觀賞「蒙娜麗莎」排隊。雖然不是因為這件有趣的事讓人們開始喜歡「蒙娜麗莎」，但是常常看著看著也就喜歡上這件作品。

防彈少年團的傳播效果可以到達全球一般大眾的原理和此很像，一開始雖然因為社會的少數開始了流行，之後變成社會性潮流，大眾不管是本意還是非本意有了接觸的經驗，逐漸變得熟悉而就喜歡了。

打噴嚏引起蝴蝶效應

就像從防彈少年團和 The North Face 兩個例子體會到的，擔任情報傳遞角色的顧客群就是打噴嚏者，在各個國家、團體、社群網站都有大嘴巴（big mouth）的存在。在過去，群體間常見面、參加各種活動、閒聊各種傳聞的大嘴巴顧客，即是擔任此角色的打噴嚏者。但是時代在變，進入二〇〇〇年後，透過網路獲得資訊和購買商品的人口急速增加，隨著ＳＮＳ的活躍，一般人也可以直接製作素材，擔任自媒體角色的人越來越多，直接製作訊息、傳播話題性的線上使用者迅速崛起，成為新的打噴嚏者群體。

早期採納者主要是在誠實記錄個人取向及體驗，是明顯表現自己主張的群體，但其傳播有其局限，一般大眾無法得知的品質好又便宜的產品，打噴嚏者才會積極的正式介紹。打噴嚏者會確實判斷產品的價值，比較不同品牌的價格做合理的選擇，因此許多人會相信打噴嚏者使用的產品而跟著購買。

打噴嚏者該如何定義？不同的產品定義也許不同，一般而言，打噴嚏者是相關商品的使用者，相對上是比較挑剔、年紀小的年輕顧客。這樣的顧客容易接受新的文化，有學習的熱忱，但比較沒有經濟能力。不過產業不同，打噴嚏者的基準也很多樣。

如同New Balance和The North Face的例子所見，在鞋子和戶外運動時尚產業的領域，由年輕的高中生和大學生擔任打噴嚏者的角色，防彈少年團和其他娛樂市場的打噴嚏者也是青少年群體。但是WiniaMando泡菜冰箱市場的大嘴巴，則是公寓社區的主婦。專業假髮企業ＨｉＭｏ的流行前導者，則是中年男性且相對時尚愛打扮的高齡層。

在相關產品的受眾中，找尋最有力的打噴嚏者群體是非常重要的。

防彈少年團，改變K-POP市場的規則

大部分的大經紀公司完成投資計畫和收益計畫，根據損益平衡點制定預算，有系統管理整體現金流。這樣的財務管理系統是新創企業進行時必備的方法。那麼防

彈少年團是制定周密的投資計畫，計算過收益性的偶像團體嗎？

大部分的經紀公司投入資本栽培偶像團體，並從其中獲得播放收入、廣告收入、音源收入、周邊商品收入等利潤。從收入、支出的觀點，制定預算財務報表，模擬整個案子的進行，一般對偶像團體的投資會在出道後三到四年以內取得利潤。

據說練習生每名一年會產生三千萬韓圜左右的費用，偶像出道前練習生期間平均三年，假設團員有五名的話，一年要花費一億五千萬韓圜，加上聯繫有名的作曲家、拍攝音樂錄影帶、宣傳費等，合計起來經紀公司二、三年間累積的成本約達五至十億韓圜。

但是每年約有五十組以上的偶像團體蜂擁而出，如果不是大經紀公司，要在一出現就有「醒目」的效果，幾乎不可能，因此偶像團體損益平衡點的期間大約二至三年。一般來說，在第一張專輯就要製造狂粉，第二、三張專輯便要有覬覦大眾性的爆發力。在那之前因為初期有投資費用，只能承受風險並繼續投資。

歌手平均簽約期間為七年，合約盡可能以對經紀公司最有利的條件簽核，就是基於前述投資回收的目標。練習生時期投資的費用要快點回本，創造出現金，才能投資在別的練習生身上。K-POP偶像團體是以這樣絕對的財務性投資觀點運作，要打破這個模式非常困難。

趨勢很快改變，偶像的全盛期漸漸縮短，因此經紀公司必須盡可能縮短投資期，努力在短時間內創造收益，顧慮短期收益只能進行演戲、綜藝節目、廣告等（有利潤）多樣活動，便疏忽管理粉絲，缺乏交流溝通，長期下來基礎的支持層弱化，很多閃亮的明星因而退敗下來。在趨勢快速變化的娛樂產業，被認為是無可奈何的現象，但是這樣的短視最近改變了，以遠見來準備長期打進世界市場，造成改變的契機就是防彈少年團的成功案例。

防彈少年團的成功，是K-POP偶像養成週期再次調整所帶來的。市場大餅變大，出現了具有全球影響力的群體。為了損益平衡創造收益的期間，變成打好市場基礎的時間，想要瞄準全球市場，必須深耕粉絲團，長期持續投資鎖定的受眾非常重要。

這點基本上是因為全球市場的改變，過去要進入北美市場、歐洲市場非常困難，經濟效益不彰，只得接受在亞洲地區創造收益。但是現在綜觀市場潮流的大局，不在只有日本、中國、東南亞市場，甚至歐洲、美洲都在K-POP市場的能見範圍內，考慮到這樣的市場，需要對基本粉絲點燃一把火，

防彈少年團（雖然並不是計畫性的意圖）進入世界流行音樂市場的時候，很紮實的宣傳自己建立品牌，並為了粉絲做基礎（創意內容）的管理，因此得以擴散到整體市場。

以打噴嚏者為受眾出現爆發性的成長

二〇〇〇年初，全球大型零售商特易購（TESCO）發生一件令人頭痛的事，就是育兒用品銷量不佳。當時育兒用品多在藥局販售，藥局販售的商品如果在超市販售的話，會讓消費者有不安心的感覺。特易購為了解決這件事，打造了一個特易購嬰兒俱樂部（Tesco Baby Club）。嬰兒俱樂部捨棄發送宣傳短訊，而是提供懷孕、育兒管理專業資訊和相關商品的折價券，讓顧客自發性加入。嬰兒俱樂部使得強烈「想要體驗」的早期採納者優先加入，但是由於嬰兒俱樂部的會員是非常挑剔的顧

客，雖然花了很多費用，銷售卻沒有起色，對收益幫助不大。

但是特易購考慮整體市場決定持續投資，漸漸得到早期採納者顧客的信賴，崇拜他們的打噴嚏者也都加入嬰兒俱樂部，製造了話題性，打噴嚏者的口碑讓業績急速成長，結果特易購的育兒用品的市場占有率上升到25%。同時，英國第一次當父母的人，有37%加入成為嬰兒俱樂部的會員。特易購瞄準了早期採納者和打噴嚏者，帶來市場爆發性的成長。

經營公司時收益很重要，但是只看著眼前的小小利潤，也有可看不見遠處未來的大成功。萬一特易購放棄了花了很多費用卻收益不彰的嬰兒俱樂部，只集中基本的優良顧客會變得怎麼樣呢？同樣的，如果防彈少年團只集中在國內優良顧客，對內容素材收取費用，並集中在演戲或廣告等活動，雖然獲利會增加，但很難像現在一樣成長為世界性的團體。

打噴嚏者的投資效益不高，特別是流行音樂市場的打噴嚏者對音樂、表演、影像和外貌等十分挑剔，並慎重的選擇，因此要操控他們也很辛苦，品牌忠誠度又低，但是對公司的中長期價值而言，打噴嚏者的效果非比尋常，是所謂「一名顧客後面跟著二十名顧客」的菁英顧客。防彈少年團勤奮的對這群打噴嚏者交流溝通，滿足了他們也等於滿足了大多數的顧客，能夠快速聚集影響力強大的顧客就會帶來良性循環。像這樣下定決心做行銷策略，即使短期收益減少也要耕耘打噴嚏者是十分重要的，特別是像現在資訊傳播和社群網站發達的時代，打噴嚏者顧客的價值會更高。

哈雷戴維森的失誤

韓國主要的K-POP經紀公司以韓國和日本的優良顧客為受眾，大部分的企業奉行20／80法則——只集中於優良的20％顧客。為了這20％的顧客推動CRM（Customer Relationship Management）顧客關係管理系統，來判別收益高的對象，意圖提升他們忠誠度，但是銷售高的顧客是誰？不就是觀看主流媒體的保守顧客？沒有關注中長期看來有價值的地方區域或亞洲年輕族群，只因為他們貢獻的銷售金額低，所以不被注重，傾全力在短期收益的話，就會局限在保守顧客群，反而可能妨礙中長期的發展。

還記得以叛逆的形象風靡世界的電影演員詹姆斯狄恩（James Dean）嗎？拜這位絕世美男之賜，哈雷摩托車成了年輕人的象徵，強烈的排氣音令人聯想到肌肉壯碩的體格，但是哈雷戴維森的重型摩托車形象，已經是舊時代的遺物了，現在變成上了年紀的長者在騎的摩托車。哈雷戴維森這個品牌如此老化的理由是什麼？它在二十世紀非常成功，促使企業加強顧客管理，特別集中收入高且有忠誠度的顧客。這樣的經營方式在當時雖然獲得許多支持者，但就結論而言卻疏忽了年經沒有經濟力的顧客，漸漸哈雷戴維森失去了成長的動力，讓日本和歐洲的摩托車製造商趁虛而入，以低價又時尚的產品群快速掌握了市場的年輕族群。結果進入二〇年代時，哈雷戴維森的市場占有率和過去相較之下縮減了很多。

話說得容易，真的如此嗎？

管理盈利本身沒什麼問題，避免以模稜兩可的熱情和意志開創新業務，就邏輯上而言了解現代的網路市場是必須的，如果判斷收益的財務報表，無法反應長期性擴大銷售的成果及宏觀的經濟變化，就不是正確的分析。

舉防彈少年團為例，以收益率低的打噴嚏者為受眾，拉長投資期間，這樣的建議對誰都可能覺得不切實際。在現在目光短淺的經營環境下，對利潤飢渴的一般公司，要投資在沒有經濟力的受眾並不容易，尤其集中在小領域做行銷，一舉突破鴻溝的策略看起來很危險。很多經營者雖然知道鴻溝行銷，但施行的時候因為缺乏自信而中斷了投資，回到了一般的行銷手法。因此，跨越鴻溝的行銷需要堅定的法則和執行力。

企業的策略沒有當下確立的話，同樣的苦惱會反覆出現，也會常常推翻已實施的項目。企業的運行無法有始有終的貫徹，主要原因是因為經營者沒有說服自己，無法說服自己的理由，是因為行銷的理論根據沒有打好基礎，只存在一個創意的型態，沒有做好邏輯性的整理。只要邏輯性的了解現在的網絡市場，便能夠樹立一貫性的策略。明確樹立策略之後，正確定義和策略相符的行銷，以此為基礎的策略不會受到小小的雜音影響而暈頭轉向，便可以實踐一致性的行銷策略 4P（product, promotion, price, place）。如此和一般行銷相比，可以看出數十倍的成效。

SUMMARY 2

定位受眾的方法

- 在過去物資缺乏、情報技術還未發達的時期，不需要定位受眾，但是在物資供給充足、資訊搜尋技術發達的現代，受眾需要精確的定位，只有能依此提供最優化的產品和服務的企業才能存活。
- 二〇〇〇年代初期，大型經紀公司的K-POP明星們以廣大的美國市場全部的觀眾為對象展開行銷，結果以失敗收場。。
- 人類是社會型動物，會做社會性的決策，在今日網路發達的超連結時代，理解決策被影響的順序來做網路行銷是必要的。
- 就網路的觀點，針對封閉的少數群體是有利的，他們規模不大可以集中資源，加上網路強大，口碑傳播很容易。

- 防彈少年團的主要粉絲團曾是經濟能力不足的亞洲青少年族群，防彈少年團對他們誠心交流獲得信賴，帶來了市場的爆發力，結果影響力甚至擴張到歐洲、美洲地區的同類族群。
- 非主流群體以由下至上的方式占領了主流市場，其祕訣就在「累積學習」的原理，主流群體不管喜歡或討厭，因為常常看到防彈少年團產生學習效果，也變成喜歡他們了。
- 站在流行大眾最前面的，傳播流行的顧客群叫做打噴嚏者，直接產製內容傳播話題的網路使用者，是現代的新興打噴嚏者。就長期性觀點來看，必須持續以他們為受眾努力行銷。

3 完備商品：不代表是最完美的

Big Hit 娛樂經紀公司在二〇一〇年招募嘻哈團體防彈少年團成員，展開全國試境，最終選出了包括 RM、SUGA、Jin、J-hope、Jimin、V、柾國七名兼具 Rap、美聲、舞蹈才藝的成員，經過三年的辛苦練習，準備以嘻哈偶像團體出道。

防彈少年團以壓倒性的實力展現在世界舞台上，七位團員基本上都有著俊朗的外貌及優異的歌唱實力，而且大部分的成員都具備傑出的作詞、作曲能力，展現創作歌手的面貌。值得一提的是，像刀一樣的群舞只是基本功夫，他們還呈現出最優秀的的舞台表演。

防彈少年團從出道開始就進行難度極高的編舞規格，他們第一張正規專輯的歌曲〈Danger〉，其宣傳期的影像成為海外 Youtuber 最喜歡發揮的作品，連外國粉絲也製作了很多看著影片作表情反應的影像。

對K-POP海外粉絲而言，還有一個重要的誘因，那就是防彈少年團的音樂錄影帶具備高水準的製作。根據韓國文化振興院執行的「美國創意產業動向」（二〇一四）報告書，美國境內聽或看K-POP的管道中最高為YouTube，高達81.5%，在YouTube中又以音樂錄影帶占最多。防彈少年團在這個項目正創下他人無法超越的成績。二〇一八年上架的〈Fake Love〉音樂錄影帶只花了九天就有一億的觀看次數，二〇一七年九月公開的〈DNA〉音樂錄影帶是K-POP團體中觀看次數最早達到四億的歌曲。

防彈少年團是因為各方面都很卓越，才得以在世界流行音樂市場成功的嗎？換句話說，其他的偶像團體是因為實力比不上防彈少年團，才無法立足於全世界嗎？

不是最佳也沒關係

防彈少年團出色的音樂、帥氣的外貌、華麗的舞台、感性的歌詞和帶給人幻想的影像，所有優異的條件都是成功的源泉，這點誰都無法否認。但是這些是成功的必要條件，卻不是充分的條件，在流行音樂市場裡，不是所有的項目都獲得高分，整體分數最高的團體就會成功，因為除了一定水準的分數以上，還要有實力以外的因素加總才能一決勝負

坦白說，大部分的K-POP偶像實力想要占領世界舞台綽綽有餘，實力和努力現在是K-POP偶像的基本要素，EXO、Twice、Wanna One、IKON等響亮的K-POP明星並不是因為實力比防彈少年團差，所以無法在《告示牌》榜單上名列前茅，根據業界專家的說法，韓國偶像志願生的實力早在很久以前就具有世界最高水準了。當然，實力要越高越好，靠著所屬公司專業企畫及編舞能力等，可以讓明星漸漸變完美。但是沒有一個音樂人可以在每一項都達到最高境界，也沒有那個必要。究竟實力必須要達到什麼程度呢？

防彈少年團在海外知名度大為提升是從第二張正規專輯《WING》登上《告示牌》二百大專輯榜第二十六名開始，這樣的紀錄不僅使他們在國內，甚至在海外獲得矚目。主打歌〈血、汗、眼淚〉以雷鬼音樂的慢波特（Moombahton Trap）類型積極呼應當時流行音樂市場的趨勢，防彈少年團展現K-POP特有的副歌、

RAP、表演方式，滿足國內和海外的所有胃口。如此穩守K-POP的風格，也滿足海外粉絲的熟悉感，是成功的因素。

完備產品是從導入期跨越鴻溝進入到成長市場時，展現給顧客的完美產品，但是這產品沒必要在各方面都是最頂級，隨著不同產品的屬性，產品的水準（達成度）必須無條件滿足目標受眾，也就是具備顧客希望的所有要素。產品的各種要素中，只要有一項有缺失，就無法在大眾市場引起爆發力。

具備流行大眾（打噴嚏者群體）希望的要素之後，接下來就是盡全力來沸騰市場，因此世界流行音樂市場一般大眾，對於K-POP明星還不是全面的熟悉，也就是說現在只要加強傳達K-POP團體的優點，用觀眾熟悉的方式表現出來。這個時期沒有必要再發展更複雜的編舞，也沒必要追求其他的炫技，因為K-POP的實力已經提升到很高的水準了。

隸屬於小經紀公司的不利條件，在出道初期知名度不高的狀況下，讓防彈少年團必須致力於進修先進的POP文化，具備作詞作曲能力，不只如此，出道早期也給了他們餘力可以說故事，在SNS產製大量的內容。結果令他們可以製作出滿足海外市場的音樂性產品，並以此完備商品為起點，搭乘網路大量的信息內容，擴散到世界市場。

PDA滅亡、智慧型手機興盛的理由

比防彈少年團還要早進入海外市場的寶兒、Rain、Wonder Girl等明星，在海外獲得閃亮的名氣。但這樣的人氣無法再擴張到更多的顧客，流行也就消退。他們即使維持卓越的實力，他們也無法享受持續性的人氣，究竟是什麼原因呢？讓我們舉智慧型手機為例。

從二十世紀後半開始的PDA（個人數位助理）市場來看，具有便利功能的PDA在初期獲得熱烈的迴響，卻只吸引一部分顧客群，無法獲得大眾的目光，結果PDA在進入二〇〇〇年之後便進入衰退期。但是蘋果的iPhone一上市便瞬間掀起全世界的熱潮，將智慧型手機市場導入成長期。PDA和智慧型手機之間有什麼差異呢？

在市場導入期時，早期採納者會熱烈反應，但是早期採納者人數非常少，使用率飽和之後會出現市場發展停滯，從導入期到成長期之間有個銅牆鐵壁要克服，那便是要跨越鴻溝，引起市場的爆發力，才能實質上進入成長期。大部分的創新商品無法越過鴻溝，只賣給限定的顧客成為少數市場。

PDA雖然是十分方便實際的產品，卻無法跨越鴻溝，無法獲得大眾青睞，顯然有不足之處，而且在當時，個人數位助理的這個概念對一般大眾而言還太陌生，需要有被熟悉的時間，要在市場已炒熱的狀態下出現完備的商品，才能夠跨越鴻溝。

在二〇〇〇年出現的智慧型手機技術本身並非創新的商品，無線通訊、MP3、觸控面板、影像功能等所有技術都已經被充分開發了。蘋果展示的iphone反而是低性能的電子商品，離當時的最高技術還有一大段距離，但是組合基礎技術解決所有客戶的需求，智慧型手機反而成為完備商品跨越了鴻溝。

完備商品意味能去除商品所有的障礙，擔任判斷的主角則是目標受眾。雖然PDA吸引對技術敏感的早期採納者，但是對於一般大眾而言，卻有昂貴的價格和使用的不便等問題，智慧型手機為一般大眾去除艱澀的操作，在價錢、通話、娛樂播放方面都能合乎大眾要求，所以才能跨越鴻溝。所謂的完備商品不是最尖端的商品，是能去除使用上所有絆腳石的商品。

國際企業最近正集結最新技術力發展穿戴裝置和物連網的領域，LG電子推出世界最早商用化的可折疊智慧型手機，蘋果和三星電子也都發展智慧型手錶，闡明穿戴裝置時代的來臨。但是穿戴裝置現在還無法跨越鴻溝，即使所有技術都已到位，電池的性能和通信技術沒有達到一定的水準的話，只有偶發性的散客會購買，只有符合顧客要求的技術組合到位，才會引發市場爆發力。

完備商品成功的基本要素：時機和目標受眾

防彈少年團以前的K-POP，只能局限在美國的非主流人種、亞洲人、西班牙裔等次文化群。讓次文化群可以回歸到市場主流的，必須等到具有完備條件的《WINGS》專輯上市時。

過去K-POP偶像的音樂類型多半是舞曲，而英美圈音樂的趨勢是以拉丁流行樂和 EDM 為主，K-POP 則曾以單一的電子音樂進攻國內和亞洲市場。防彈少年團發揮 K-POP 的特長，並嘗試做出符合英美趨勢的音樂（這樣的特色現在許多 K-POP 團體也都在嘗試）。K-POP 就像當初被英美圈的粉絲當作第三世界音樂看待的音樂般，組合黑人節奏雷鬼和 EDM 的音樂，讓人感覺熟悉和安定感，因此很容易就被防彈少年團搭配著 K-POP 特有的刀群舞吸引。

防彈少年團扎穩 K-POP 基本功，並充分發揮其長處。這段期間，在韓國獨步的 RAP、刀群舞、舞台表演、音樂錄影帶等領域都完美消化在他們的作品裡。雖然防彈少年團很努力，實力不容小覷，但和其他 K-POP 團體相比並不是獨領風騷的，不過他們具備了呼應海外市場的實力，以海外受眾有熟悉感的旋律製作完備商品是其祕訣。

綜合防彈少年團成功的因素，包括同時具備時機、受眾、完備商品等。舉例來說，某個 K-POP 團體雖然製作結合嘻哈和 EDM 的完備商品，但因為時機不對，或是受眾群體尚未充分的熱身，在這情形下，絕對不會掀起市場爆發力。為了完備商品能夠成功，還需要宏觀市場的趨勢，以及和粉絲充分的交流。

完備商品在市場上出現時，過去沒有反應的一般大眾會開始反應，其中最快反應的打噴嚏者會對品質和價格非常嚴格，然後理性的購買。防彈少年團的亞洲粉絲幾乎毫無限制的利用網路上非常多的素材（所謂「追星」），基於補償心理，對於應援偶像絕不手軟。打噴嚏者有反應的話，追隨他們的一般大眾因為相信他們，會掀起連鎖購買效應，如此才跨越鴻溝，市場開始成長。

顧客真正希望的是什麼？

防彈少年團的主要粉絲團，也就是亞洲地區的青少年中的打噴嚏者，真正需要什麼呢？除了一切做到最好，只有認真努力才是唯一的途徑嗎？偶像專輯有其時間和精力的極限，經紀公司也有資本和行銷領域的極限，基於現實考量，企業必須決定前進的方向。

企業會做多件繁瑣的事，想要進行其他公司都在做的活動，努力不漏掉無數的計畫，但是最終往往變成延遲執行，或是行動散漫。如果不明確訂定策略方向，會讓負責員工無所適從。在企業進行活動前必須樹立策略，顧客想要的是什麼？即使看起來再複雜的情況，有運作框架為基礎，如果其中一項要素遇到難題都可以找到原因。下面先讓我們看一張顧客的策略曲線架構圖。

首先，將整體顧客做有意義的分類，其次決定符合企業策略的目標客群，在客群期待的各類需求定下目標，在這樣的策略曲線下，如果有顧客希望的水準沒有達標的話，在解決這個問題之前，要盡全力分配資源去處理。如果無法滿足目標客群期待的水準就必須放棄，訂立新的策略。

如同上頁圖表所見，依不同的顧客類型，對K-POP團體的期待要素會有不同，有些觀眾表明以歌唱實力為主來決定要不要購買專輯，有些顧客以舞台表現或和歌迷的交流來判斷該團體。所有的領域都想要達到完美雖不至構成問題，但現實是不可能的。因此必須要策略性的擬定決策。

如果以韓國國內市場為受眾，主要看外貌和歌唱實力、舞台表現等，務必要盡全力在電視活動的領域表現最高水準。如果以這些國內保守顧客為受眾，在外表、舞台表現和音樂錄影帶是主要勝負關鍵，並且要在廣告和電視通告上有所收益。但

K-POP 對顧客的策略曲線

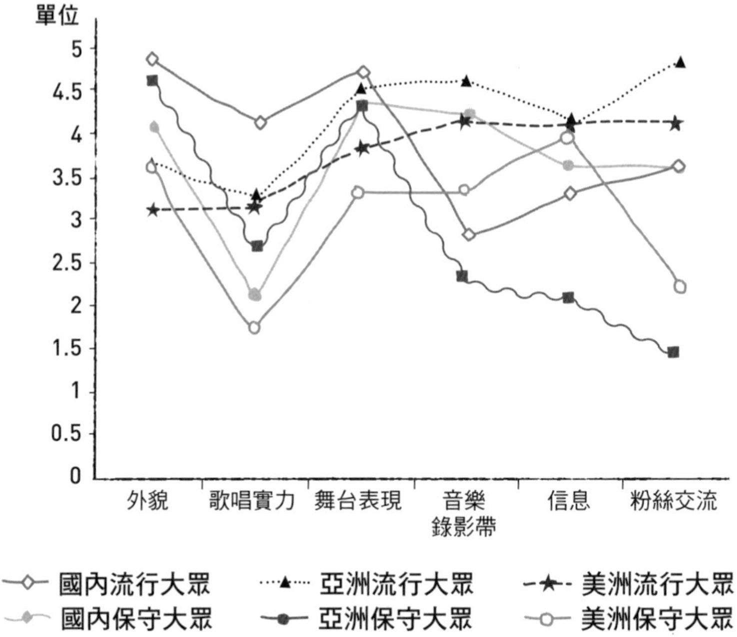

出處：價值管理集團（2018）

是像防彈少年團這樣以亞洲和美洲地區的流行大眾為受眾的話，比起外貌和歌唱實力，更重要的是必須費心製作音樂錄影帶，並盡力和粉絲維持密切關係，

他們對K-POP的期待和經驗值還不夠大，防彈少年團只要以基本實力就能充分擄獲人心。

專注基本勝過差別化

進入成長市場時，要盡全力以水準之上的商品擴大顧客群，不要勉強以新概念或新版本的產品展示於人。

轎車之王福特（Henry Ford）在一九〇八年生產了「T型」款新車，並預言：「之後貼有福特商標的汽車，都會是一致的車型、一樣的性能、一樣的顏色。」在當時汽車業界都是針對富有人家的要求，生產多樣的顏色、不同的設計質感、性能的車子，因此無法理解福特汽車的發想。許多專家認為福特是下決心想要滅亡，甚至讓同事亞歷山大．馬康森（Alexander Malcomson）賣掉了持股離開公司。

福特對於顧客瑣碎的要求置之不理，大量出產一致化的「T型」車，結果市場對這款車熱烈反應，上市才五年，地球上的自用車一百台中就有六十八台是福特的「T型」車，「打開了美國自用車時代」，創下自用車大眾化的亮眼成績。那麼，放棄差異化，將商品推向一致性而成功的祕密是什麼？

「差別化」是現代大部分的企業推動的政策，為了對顧客有吸引力，強調與眾不同的商品和服務，如此看來，「差別化」可能被誤以為等同於「優越感」，無條件將差別等同於優異的想法十分危險，差別化是將我的產品做得和別人不一樣，前提是這樣的產品必須要能解決別的商品不能解決的特殊需求，但是如果根本不存在這個不同的特殊需求，也有可能基本的需求還是堆積如山，放著鞋子庫存不足這個眼前的大市場不看，卻關注「將鞋子賣給光腳非洲的行銷」，便是想賣鞋子給不穿鞋的人情況相同。

「顧客只是想搭自用車，什麼車並不重要。」福特簡單說出成長期的法則。

T型車生產的當時，大眾想要的不是反映個人嗜好的昂貴豪華車，而是廉價的「可以搭乘的自用車」，曾經是有錢人專用的自用車，一般人也想搭乘的需求何其旺盛，這樣的時期出現需求大過供給的現象，必須全力衝刺供給策略，沒必要費心在富有人士的每一個嘮叨。

過去自用車多樣化的時期，和K-POP限定在韓國和亞洲的時期很像，這時期韓國市場有多元概念的偶像團體冒出來，盡力凸顯個別的特性，表現出差異化。防彈少年團進攻美國流行音樂市場的現在，是K-POP剛好進入成長期的階段，現在的主力必須再以基本功擴大顧客群，沒必要強調差別化。

就像福特的「T型」自用車一樣，現在美國市場保守大眾只是想體驗叫做「K-POP」的音樂，什麼樣的K-POP並不重要，這樣的一般大眾不想追求輕微的差異，也不期待獲得比其他K-POP團體更好的品質，可能也是他們無法分辨韓國偶像們的臉蛋，只想要適度的感受一下熟悉的K-POP。

所以，現在要進攻全球市場的偶像團體，比起致力於差別化，更需要將基本功紮實的K-POP介紹給世人，並且產製讓全球粉絲有共鳴的網路素材，與粉絲真誠的溝通。

SUMMARY 3

完備商品

● 防彈少年團並不是因為音樂、舞台、外貌、影像等所有面向完美而獲得成功，其他的偶像團體也不是因為實力不足而無法在世界舞台上立足。

● 完備商品是為了從導入期跨越到成長期展現給一般大眾的商品，必需要顧及顧客希望的所有需求，但是商品不需要全部做到最好，重要的是去除所有商品的缺陷。

● 過去K-POP的音樂類型大部分的清一色是電子舞曲，防彈少年團嘗試迎合英美圈流行的音樂，把K-POP的基礎實力加上北美熟悉的旋律，打造出對北美市場顧客而言完備的商品。

● 各面向都最優秀的作品並不存在，針對企業的目標受眾找尋他們期待的水準，並盡全力分配資源做到他們要求的等級。

● 以完備商品晉級成長市場時，要盡全力以水準之上的商品擴大顧客群，沒必要強調差異化。

4 超連結社會的網路行銷：防彈少年團成為平台

粉絲為防彈少年團取的別名中，有一個叫「惠慈少年團」。因為在他們沒有發表新專輯或活動時，會自己製作許多無償素材發布，看起來非常「惠慈」（形容本性很好，也有超值的意思）。舉例來說，YouTube 有個「防彈ＴＶ」頻道會非定期上傳他們活動的幕後花絮「防彈夜」及各種活動影像；在他們的部落格，也會有團員各自的日常生活對話等「紀錄」。

從防彈少年團出道初期，拜活用ＳＮＳ（社群網站服務）之賜，YouTube、推特等已有大量的影像素材散布，讓收看韓國電視很困難的海外粉絲可以毫不費力就「追星」。

粉絲們直接將到手的影像和照片再剪輯成新作品上傳，累積其他Ｋ-ＰＯＰ偶像無法比擬的龐大創意內容。如果有興趣想找防彈少年團的相關影像來看的話，已經到了再怎麼看都看不完的難分難捨境界，也因此粉絲們很難從防彈少年團魅力中逃脫出來。

防彈少年團為什麼是「平台」

防彈少年團曾經因為沒什麼機會上韓國主流媒體通告，所以轉往網路無料放送。韓國節目礙於著作權，如果沒有特別在合約註明，而在非官方頻道播放的話會被下架。但是防彈少年團自己製作的創意內容沒有著作權的問題，可以在網路上盡情使用轉傳。實際上在出道當年，他們在電視或廣播的通告非常少，還大部分是在海外獲得人氣後才有的演出機會。

要觀看大經紀公司的頂尖明星演出畫面，因為搜尋不容易，又要付費，追星很辛苦。但是防彈少年團的免費素材對海外粉絲可說是無窮無盡的新世界，一開始只是透過音樂錄影帶認識防彈少年團，覺得挺有意思，漸漸觀看 YouTube 個人頻道變成實質的粉絲，之後開始自己製作影片和防彈少年團交流，正式宣告「入坑」。

防彈少年團的作法最終掌握了一個平台，這將是現代社會最重要的成果。現在所有的科技產業莫不用盡全身力氣吸引顧客的眼睛和耳朵，因為企業只要能掌握一個通道獲取顧客的時間，便能帶走所有的收益。防彈少年團對全球的K-POP粉絲充當一個平台。全球的青少年，特別是少數的族裔希望透過一個世界性的共識團結起來，他們透過叫做防彈少年團的中心，聚集在一起自由傳播共同意識。這不單只是因為防彈少年團認真製造了素材，除了素材之外，也是和粉絲的交流，粉絲和粉絲的溝通，二次創意、三次創意等加總所出現的最佳效果。防彈少年團給現代的平台企業展現出最佳模範。

防彈少年團構築了這樣的平台，如前述說明的，他們已具備時機、受眾、完備商品，最後一步就是盡全力進行話題傳播，盡其所能利用已形成全球市場的網路，成功讓骨牌倒向最後一張，這和平台企業如亞馬遜、臉書走過的方式雷同。防彈少年團獲得人氣，並藉著口碑征服世界，經歷了什麼過程？讓我們來檢視經營學者的觀點。

明星和粉絲是甲乙關係？

今天，只有更走近消費者的企業才會獲勝，走近消費者意味更多的溝通形成共識。同樣的，K-POP團體的粉絲文化也有了變化，單向盲目的崇拜明星的私生飯角色已經結束。原因就在於今日生產和消費關係的大趨勢是雙向交流，不再是單向通行的緣故。

現在粉絲和偶像明星的關係和以前截然不同，粉絲們一邊也要兼顧自己的生活，基於興趣支持偶像，朝建設性的方向互相協力前進。

全球的青少年成長在物質和資訊過剩的時代，父母世代為了爭奪物資必須激烈競爭，但下一代和他們不同，沒有經歷過物資缺乏。他們一直處於必須選擇的立場，在限定的資源中為了獲得最好的結果，主動作出選擇，已經是自然養成的習慣。再加上，現在青少年在平等的網路社會長大，重視社會價值，各自帶有強烈的主觀意識，具有積極參與社會的特徵。

對待明星也是如此，他們對於偶像的行徑相當敏感，在乎偶像們的態度、語氣，也對舞台上的專業相當重視，萬一偶像做出違背粉絲的事，會比以前用更尖銳的標準對待，甚至宣布抵制。因此，偶像團體是甲方，粉絲是乙方的關係在今天已經完全被推翻了。

在韓國歌謠市場偶像源源不絕冒出，具有企畫能力和資本的經紀公司曾認為他們主力栽培的歌手們會一棒接一棒，繼續換人紅下去，但是屬於中小經紀公司的防彈少年團無法參與他們的接力賽。防彈少年團也不是因此就以北美市場為目標，他們在北美一開始知名度也不高，最近才在當地獲得成就，唯一能夠期待的是東南亞的粉絲團，防彈少年團和粉絲透過「溝通和建立共識」，形成現在粉絲和偶像文化的理想關係。

● 和粉絲的溝通

防彈少年團從出道開始，就以SNS和影像平台為中心，持續和全世界的粉絲熱烈交流。從日常服裝、自拍等個人內容素材，到明星直播APP「V LIVE」的「奔跑吧！防彈」等總共有二十五個頻道，包括網路媒體「防彈TV」等，透過無數的播放內容積極和粉絲交流。累積如此大量的內容在非宣傳期的時候，不但能防止粉絲轉移陣地，還成為擴大粉絲規模的泉源。防彈少年團每次頒獎典禮總是大聲高喊「A·R·M·Y」，表現對粉絲的愛，甚至在《告示牌》頒獎典禮當晚，大部分歌手都去參加慶功宴，防彈少年團卻回到住所透過V LIVE和粉絲分享喜悅。如此的努力讓原本有所保留的粉絲打開心房，持續藉由創意內容累積彼此的關係。

● 和粉絲的共鳴

防彈少年團以「我也是如此」的語法傳達安慰粉絲的信息，在多數歌曲中顯現自己脆弱的存在感，以「我們一起克服吧」鼓勵粉絲們。有一首叫〈Magic Shop〉的歌曲，是根據二〇一七年演唱會中RM的一席話當作主題為粉絲所創作，當時RM和粉絲分享：「我的夢想仍在原處，常收到你們的信寫著：好怕我們走得太遠，因此心亂如麻。我們都無法相信我們，但一直關注我們的各位一定可以做到。如果我們的存在和音樂可以成為你們的夢想和生活中的一股力量的話，我們存在的價值就足夠了。」

消費時代最重要的是獲得消費者的信賴，防彈少年團如此努力溝通和建立共識具有很大的意義。下面接著說明平台的良性循環。

NIKE的最大競爭者是任天堂

和其他偶像比起來，防彈少年團不常上電視通告，並非固執於保持神祕感，相反的他們跟粉絲無所不談。粉絲多為青少年，所以溝通的管道集中於線上，團員們甚至連私人的事都上傳到網路上聽取粉絲意見，和團員一起討論。隨著創意內容增加，粉絲更了解防彈少年團，粉絲間藉著重製內容彼此交流，變成良性循環，活動量急速變多，持續力更強，支持防彈少年團的力量也不斷增長。將他們推向世界舞台的源頭，正是粉絲們的參與度（時間和努力）。

這和現在成為商業中心的平台相類似，人們花費的時間和精力越多，對平台的依賴程度就越高。

關於這點，我們來看看NIKE如何以消費者為導向。

世界排名第一位的運動品牌NIKE，一發現成長率開始鈍化，就做出對策，界定任天堂、SONY、蘋果等為新的競爭者，觀察公司客戶在閒暇之餘做什麼活動，發現他們選擇比運動更簡單又刺激的電子遊戲和娛樂，而將運動排除在外。NIKE以顧客的角度界定占據空閒時間的活動為競爭，定義競爭企業，最後任天堂的遊戲被證實為最大的競爭對手。

在現代的平台經營環境，如能占據客戶所剩無幾的休閒時間，未來會是利潤來源。防彈少年團也是一樣，占據了粉絲的努力和時間，在某一刻會轉為成果化身利潤。平台的經營爭取客戶的休閒時間是必要的，如何變為盈利是之後的事。防彈少年團以和音樂沒有直接關係的娛樂素材，NIKE則是以多元的活動為後援吸引消費者的注意。結果都獲得顧客時間和努力，成為成功的案例。

消費者是平台的主人

粉絲們「追星」是防彈少年團這個平台走向良性循環的必要要素。他們積極運用SNS和粉絲們交流，提供許多愉快的話題和好看的影像。事實上許多防彈少年團的女粉絲是因為團員們直播的內容而「入坑」。防彈少年團透過YouTube和推特等媒介，不管是海外活動中，還是活動休息時間的日常都和粉絲分享。多虧防彈少年團的勤勞不懈，讓粉絲沒有無聊的時刻，他們或複習影像，或重新剪輯生產新影片持續「追星」，在過程中粉絲團的團結力又更強大了。

因為相關的影片而無意識的對防彈少年團開始產生好感，後來漸漸發展成忠實的歌迷。最終，從長期來看防彈少年團可以收割消費的果實。只要能吸引顧客的關心和時間，化為盈餘就會變容易，因此爭取顧客的時間（通訊量）比什麼都重要。

生產的時代已經結束，現在進入消費的時代。消費時代的企業可以切入消費者的生活多深就決定事業的成敗，因此符合消費者的要求，取得他們的關心漸漸變得重要，雖然無法馬上從顧客身上獲得收益，即使實質上和商業完全無關，也要嘗試以顧客的角度，觸動到他們認為重要的部分。對防彈少年團受眾來說，最重要的部分，是「一句溫暖的話」，或是「像隔壁鄰居的哥哥一樣親切」，帥氣的裝扮和華麗的舞台倒是其次。

生長在生產過剩的現代消費者，選擇的機會很多，經常比較研究後才決定購買，商品要能被接受，需要花費很多時間在消費者腦中建立品牌。防彈少年團之所以能夠獲得全世界粉絲的心，是長期以消費者為中心而獲得信賴。

過去的演藝圈是由電視台和經紀公司的大資本聯合打造的，是一種以生產者為主的推動行銷（Push Marketing），但是現在單憑資本力的發展有限。生產者和消費者的地位正在翻轉，要直接由消費者下定決心才能產製創意內容及增加活動。這是光靠錢無法推動的。實際上要粉絲增加活動量，必須要得到他們的心，必須要有長期交流和交流所產生的成果（創意內容）。這便是當代由消費者直接製造的平台。

二次創意——行銷必須關注的市場

既然如此，防彈少年團為什麼可以推動成功的平台？只要單純製作很多影像，就可以讓平台走上良性循環嗎？

防彈少年團善加利用二次創意內容的成長趨勢，打造現有的大型平台。他們沒有力量在競爭激烈的紅海（主流媒體）和響亮的大經紀公司競爭，但是無意間集中力量於競爭較小的藍海（成長市場），投身而入（嚴格上說來，是他們的粉絲投身而入），在市場上變成重製、反應表情等二次內容的市場。

今日社會，個人剪輯技術發達，智慧型手機和網路器材提升，內容服務的產業變得龐大，以數位原生族構成的千禧年世代，在他們正式投入社會後，二次內容市場便急遽增長，整體而言是「粉絲們直接參與的市場」成長。為了加入這個成長市場的時代潮流，需要一定的時間，並認真點火。

做生意也是如此，認知了成長趨勢，研究如何進入其中是非常重要的。小米科技董事長雷軍曾說：「只要站在風口，豬也可以飛。」強調出成長市場的重要性。歐洲石油產業的荷蘭皇家殼牌公司前執行長羅漢梵巴漢也說過，新公司成功的祕訣就是：「站在巨人的肩膀上。」企業再怎麼認真努力追求卓越，所屬的市場都無法逆轉產業的大趨勢，想要成功，必須確實「投入成長市場」，沒有其他輕而易舉的方法。

防彈少年團的成員各自將自己的苦悶化為音樂、舞蹈、舞台表演，協力完成最後的成品，如此作品再經由全世界的粉絲聯手無限擴張。防彈少年團的粉絲超越了一般單純消費音樂的歌迷，產製了內容。

首先是將韓語的影片翻譯成各個國家的語言，第二是收集有趣的影像剪輯成專題，最後是將海外粉絲看音樂錄影帶或演唱會畫面的表情紀錄下來的反應影像。

防彈少年團上傳的文字、音樂、影像，幾個小時內就會被翻譯成各國語言並上好字幕。同時會熱烈討論分析信息的內容，比這更精彩的是歌曲和舞蹈的翻唱及模仿、重製音樂錄影帶等新內容。智慧型手機、網路環境等發達的技術，YouTube、推特、VAPP等SNS網頁服務的擴大，再加上剪輯軟體、混音技術等軟體的發達，有機的結合實現了共享價值，以及溝通和再生產的良性循環。

再生產的內容中，對現在商業趨勢最重要的是反應影像。比起以往很風行的翻譯或專題影像，反應畫面帶有一種共鳴的基調，成為擴張客群的原動力，所以是最近十分重要的商業趨勢。

快來，第一次做反應吧？

從二〇一七年開始播放的 MBC every1 頻道的節目《快來！第一次到韓國吧？》，即使到現在都還很受歡迎，節目創下空前熱門的紀錄，也在二〇一八年韓國 PD 大賞獲得「最佳節目」。這節目是最近 YouTube 等線上熱門的「反應影像」中，外國人接觸韓國文化的反應影像的有線電視版。

反應影像是某人對特定內容的反應表情的拍攝剪輯。早期的反應影像是使用者拍攝自己看著某個特定的內容，並對此發表感言，然後發布出去。《快來！第一次到韓國吧？》比起網路上五分鐘以內的線上短版內容，算是長版深入的「反應影像」。二〇〇七年左右，拍攝大家看「兩女一杯」[2]影像的反應再次在 YouTube 掀起風暴，從朋友、父母到各階層人士反應，如此衍生的反應影像還獲選為當年最熱門的影片。之後隨著 YouTube 病毒影片的熱潮，成為占有一席之地的特別類型。

反應影像主要透過 YouTube 流傳，畫面構成是看著電腦裡影像的主角，以及一旁開小框播放正在看的影像（大部分是音樂錄影帶）讓大家可以一起看。防彈少年團等的K-POP的反應影像大部分是K-POP粉絲團應援活動的一環，畫面常出現「我愛防彈少年團」、「I Love K-pop」等文句。音樂錄影帶結束後，開框的畫面消失，觀看者發表在看影片時無法傳達的感言，並做總評。

防彈少年團的歌迷不只是看官方音樂錄影帶或是演唱會影像而入坑，也有看著反應影像而被圈粉的，實際上，有一位著名的YouTuber看著〈DOPE〉的音樂錄影帶極力稱讚的反應影像，讓海外對防彈少年團有興趣的人急速增加。有名的舞蹈畫面也讓YouTuber之間做了很多發揮，像觸電一樣看著影像的驚喜表情會造成話題。房時赫甚至說：「防彈少年團開始獲得海外的關心，是託反應影像的福。」

反應影像在全球爆紅，防彈少年團是百分之百活用的第一個案例。

從商業的角度來看，幾乎沒有單看著反應影像而迷上的理由，重要的是形成趨勢的背景和原理。反應影像獲得人氣的祕訣是認同感和再發現。別的粉絲有和自己相似的感覺，讓那時獲得的感動又再回味一次，透過和自己分享感受，得到一種認

譯注2：「兩女一杯」是巴西糞便戀色情片《飢餓婊子》（*Hungry Bitches*）的預告片。該片在網路上病毒傳播，引起巨大迴響，還有Youtube上路人觀看「兩女一杯」的反應影片。

同感。基於這種共鳴，發現了以前不知道的樂趣。

反應影像比起過去，多樣性和引起共鳴的價值變高了，和現在消費者的要求相吻合。反應影像雖然是一種流行，但其背後的宏觀經濟原則仍然存在。反應影像代表的現代經營本質就是讓消費者參與。消費者想要參與並獲得共鳴，你或許常常聽到一句話：「惡評（惡意的評論）甚過無評（沒有留言）。」完全不和消費者溝通便提供一般的商品或服務，在過去的供給時代還有可能，但在今天消費時代中卻是最糟的方法。哪怕只和消費者溝通一次，哪怕消費者只多參與一次活動，有一天這分努力會以收益來回饋。

要收益？還是平台？

防彈少年團的RM認為：「一首歌唱了五十遍，我們也有不自覺鬆懈的時候，但要是這樣就『直接完蛋』了。」除了一直和粉絲交流，加深紐帶關係，防彈少年團為了粉絲使盡全力，並且百分之百唱現場、跳著激昂的刀群舞報答粉絲。因此受到激勵的粉絲團A.R.M.Y有高得傲人的再訪率，表現不變的信任和支持。

以商業的角度，這是非常沒有效率的方式。大部分經營學的教科書教導大家：從現有的優良顧客創造收益，並一直尋找新客戶擴增銷售額。這代表對顧客盡全力也不會讓企業再成長，是違背經營本質的行為。這樣的話，像防彈少年團這般的努力如何能獲得成功呢？

平台充裕的顧客和內容量跨越一定程度的臨界點，會在其中自動產生活動量，藉著良性循環越來越急速跨大規模（活動量）。這便是現代平台企業戰略中最重要的「飛輪」（Flywheel）策略。

像亞馬遜的平台企業推動的飛輪策略大致如下：首先提撥預算，降低價格吸引顧客，顧客聚集後賣家也會增加，賣家增加會降低固定費用，使效率變高，讓價格再次下降，打造一個良性循環。

能讓飛輪旋轉的核心原理在於目標客群攻略，要穩定瞄準目標客群才能跨越臨界點，提升到良性循環的軌道。在良性循環轉動的飛輪是颳起世界性熱潮的原動力。

K-POP 團體的客群策略

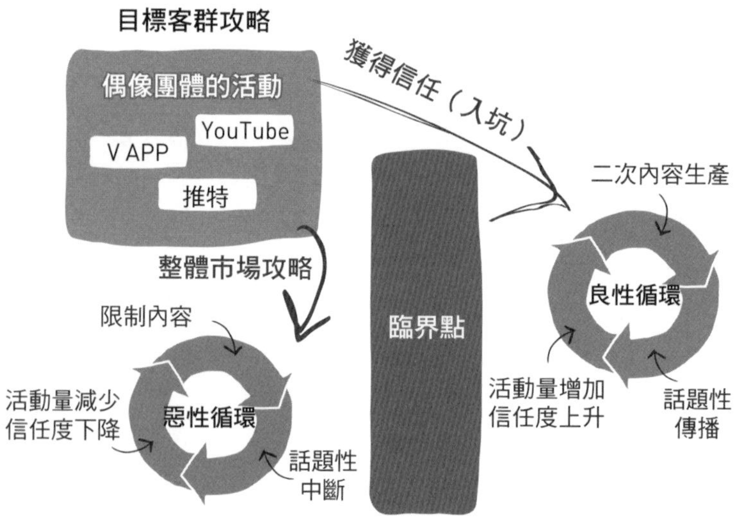

但是一般的大型經紀公司受制於獲利率的壓力，讓良性循環變得不太可能。大部分的 K-POP 團體太快商業化，以一般大眾為客群以期增加收入，初期投顧客所好，提供讓粉絲滿意的素材製造話題，打開「追星」世界的大門，但是為了要投資新的市場，便縮減內容的提供，缺乏內容的故事性便減少了話題，粉絲的活動量減少信任度下降，陷入惡性循環結果經常是粉絲團的瓦解。

這和過去韓國曾經很受歡迎的社群網站市場出現一樣的現象。I love school（一九九六）、線上網站 cyworld（一九九九）等比起臉書（二〇〇四）各早了八年和五年，不但比起臉書提供了更特別更優秀的服務，也建立厚實的客群，但是這些企業沒有致力於擴張網絡，而是埋首在短期的收益裡忽略其他顧客的體驗，於是將霸主地位拱手交給了臉書。

亞馬遜走的是相反的路，草創時期集中於購買圖書的顧客，盡全力培養他們的忠誠度，之後低價供應電子書閱讀器 kindle，誘導顧客購買亞馬遜的電子書，並提供娛樂和內容服務增加顧客的流量。結果購買圖書的人變成了亞馬遜的忠實顧客，購買的種類漸漸擴大到其他領域，成為亞馬遜成長最牢靠的基礎。亞馬遜即使到現

亞馬遜的銷售和淨利

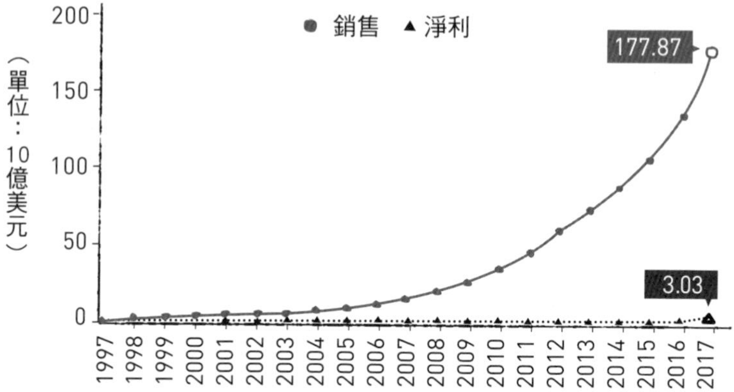

● 銷售 ▲ 淨利
200
150
100
50
0
（單位：10億美元）
177.87
3.03
1997
1998
1999
2000
2001
2002
2003
2004
2005
2006
2007
2008
2009
2010
2011
2012
2013
2014
2015
2016
2017

在都未增加收益，如圖表顯示，營業利益近乎零，至今主力仍在管理核心顧客以及擴大平台。由此可知平台企業最重要的成功要素「目標客群」是明確、集中攻略，讓平台動起來，步上良性循環。

防彈少年團專心對待粉絲，也可能會像亞馬遜一樣擴張平台，當然若從商業角度，防彈少年團也無法一直像現在這樣只集中於粉絲。當他們成為世界性的偶像，資源勢必分散，但是當時他們和粉絲之間的交流在網路傳播的角度而言，是非常有價值的選擇。防彈少年團跨越臨界點步上良性循環的軌道，讓內容生產的速度領先消費速度，歌迷一旦入坑，便很難脫身。

也是這樣良性循環的結果，讓叫做防彈少年團的平台以ＳＮＳ和網路技術為基礎，伸展到北美市場。就商業角度而言，我們必須意識到超連結社會帶來的變化，因為如果我們不往超連結網路的道路上走出去，競爭者便會走進來。

故事決定企業的未來

二〇一八年日本一個娛樂公司以防彈少年團為範本，組成了一個七人團體「彈道少年團」，所屬公司很有自信的介紹他們全部都是實力派，絕對會超越防彈少年團。但是話說得容易，防彈少年團的成功有他們獨特的故事，也因為這個基礎，才長時間擦亮了招牌。

從商業的角度來看，在市場競爭時，企業的故事和經營哲學對成功會有幫助嗎？品牌故事大部分被認為是無意義的，因為著重於此需要長時間的思考和討論，此外，一般的粉絲無法得知這份真誠的意義，要感受到真正的價值得經過很長的時間。事實上有許多藝人過度堅持行事風格和自我主張，大部分招市場漠視而被遺忘，對於故事過度費心，想要傳達哲學性的意義達給粉絲，在商業上近乎是一種冒險。

但是防彈少年團蘊含真誠的故事獲得全世界粉絲的同感。不管是在過去純樸小公司新人時期所拍的影像，到現在大型演唱會和海外巡演中所拍的影像，都生動記錄下精彩的變化過程。因為和粉絲們一同分享，內容本身就顯現出鮮明的團體故事性。

由於從一開始防彈少年團的主題就在青春、年少、抗爭，從純樸的新人以熱情和努力突破困境，漸漸變成光鮮的專業偶像，成長的故事和此團體的概念相當吻合。

防彈少年團可以立足於世界市場，不是因為他們考試成績高分，也不是因為父母是有錢人，新世代比起富有圈的人際關係，更關心自己喜歡的是什麼，在喜歡的事物上全心投入，在預想不到的瞬間、預想不到的地方、預想不到的狀態下獲得成功。防彈少年團的個性和帶動的浪潮獲得這群想多方尋找出口的粉絲的迴響。這樣的故事讓充滿不安和徬徨的青少年，特別是美國社會的少數族裔燃起共鳴。許多粉絲們因對防彈少年團產生移情作用獲得滿足。加上防彈少年團將日常生活點滴和粉絲共享，粉絲也各自發表意見並貢獻創意，粉絲和偶像一起累積大眾性的知名度，一同呼吸一同成長，好像電影劇本一樣是經過正規企劃的故事，因此獲得眾人的讚賞。

現在，這般理想的故事情節在商業上如何實際運用，我們將更深入來探討。

故事——商業的開始和完成

就商業觀點，企業（品牌）故事的第一個角色是創造話題的口碑，拋出一個有趣的故事讓顧客討論它，讓品牌藉著網路傳播到每個角落。

就粉絲立場，初次接觸偶像的音樂錄影帶或影片，完全不知道有什麼故事或隱藏在其中的祕密，稍微了解之後，開始對偶像有些依戀，於是尋找更多的資料，這時才了解背後的故事，並且對其中的哲學和信息產生共鳴。也就是說一個企業創業時，如何將好商品賣出去，先讓消費者體驗是首要之務。企業的經營哲學或是有趣的故事，在之後藉網路擴張時可以成為成功要素。

之前提過的化妝品品牌 Kiehl's 以保溼面霜獲得成長，最初的銷售成功是因為正確的市場定位、目標客群和價格。下一個階段就是需要藉著口碑大規模成長，這時品牌故事和話題扮演重要角色，Kiehl's 證明自家的產品保溼效果足以讓格陵蘭的遠征軍來使用，提供「極地遠征軍皮膚的守護者」的有趣故事讓人們流傳。

企業的哲學和故事在網路傳播的過程，激起人們談論話題的作用，防彈少年團也藉著提供故事充分實現口耳相傳的效用。率真的模樣、內容紮實的成長故事在口碑的傳播過程發揮強勁的力道，成為粉絲不輕易動搖的根基。

就商業的觀點，企業（品牌）故事的第二個任務是扮演核心角色，透過構築一個精彩的故事，顧客可以自由表達意見，以集體的智慧打造一個良性循環的建設性平台。

防彈少年團的故事基本上是透過他們的專輯建立骨架，專輯裡的歌曲不是各自獨立的，彼此間形成有機的連結，雖然看似抽象，卻整體形成一個強大的故事。以此基礎建構的防彈少年團王國有多元的元素：歌曲、舞蹈、舞台、成員的人性、成員間的默契、價值觀等面貌，再加上粉絲團重新剪輯的影片，形成集體智慧，它討論著人文、哲學、科學、天文學，防彈少年團分享著對未來社會的看法。也有類似德米安《徬徨少年時》文學性故事的成分。

喜歡研究學問的粉絲看著防彈少年團的世界觀抒解了知性的需求。這廣闊的世界觀不是在一夕之間成形的，是成員各自就關心的事物有深度長期探討，而建構了防彈少年團的哲學王國。

塊莖——防彈少年團哲學和故事的結晶體

防彈少年團具有的思考和哲學率直而深刻，隊長RM為首的防彈少年團又被稱為「文學石」，在SNS上甚至出現了「防彈館長圖書」的欄目。偶像自身的故事蘊含在音樂和影像裡，再透過書籍的文學性想像力擴張其意義，有共鳴的粉絲各自發揮新的故事版本，形成一種新型態的閱讀。這種防彈少年團特有的知性循環，擺脫一般只消費偶像舞蹈和歌曲的方式，也讓他們的粉絲層從十世代擴張到四十世代，更多元了。

防彈少年團的故事經由粉絲們各自詮釋討論，發揮無窮無盡的想像力，而形成防彈少年團集體智慧王國，這種型態很像現在音樂、電影、話劇產業流行的「開放式結局」，雖涉及了統一的偉大哲學，但在主角的言談和行為中有意留下可以進行討論的空間，讓觀者可以直接找出隱藏的寶物，以獲得更高階的知性愉悅。防彈少年團為平台提供素材，在組成分子平等關係之下自由發揮，打造集體智慧。

這樣的集體智慧連貫著集體哲學，在防彈少年團王國大家都是王，他們和粉絲沒有哪一方是中心，彼此都是平等的朋友，連結成一種水平的關係。德勒茲（Gilles Deleuze）的塊莖（Rhizome）理論代表防彈少年團的哲學。塊莖為根莖植物，和一般垂直的樹不同，他們從根和枝接收營養，與其他根橫向連結一起成長，在這個體系不存在龐大的資本或像媒體一樣的中央集權，比較像區塊鍊，是一個脫離權威主義和去中央化的平台。

防彈少年團王國的橫向連結造就一個「我們合而為一」的共同體意識，並形成一個社會活動包容弱勢及邊緣化的群體。

例如，防彈少年團捐贈五億給聯合國兒童基金會，並約定未來兩年會捐出專輯收益的3％，支援根絕兒童及青少年暴力的「結束暴力」運動。防彈少年團的粉絲以捐款給社會取代買禮物送給偶像，並以此聞名。過去粉絲們有為藝人募集禮物「朝貢」的傳統，而防彈少年團的粉絲以社會募捐為優先。在在防彈少年團的演唱會現場，粉絲募集米和雞蛋捐贈給社會團體，並為非洲營養失調的兒童募款數億。二〇一八年泰國的防彈少年團粉絲俱樂部「BTS泰國」和「糖果三葉草」為紀念防彈少年團出道五週年舉辦捐血活動，一開始目標十萬CC，結果遠遠超出目標量，達成了二十萬四千CC，可以救助一千五百名以上的生命。

防彈少年團實現了以和平為本、尊重多元的青少年的願望，因此影響力持續擴大中。

企業的哲學和故事就長期性的觀點而言是一種投資，做為顧客口碑和核心精神，並成為延伸到全世界的基礎。

這種無形的投資必須漸進式進行。首先要提供符合消費者需求的產品和服務，忠實於企業的本業，因為企業經濟上的生存是社會經濟的基礎。之後必須確立一個階段性的身分認同，這並不是一個抽象的信念，而是連結一個實際的企業價值。

對於防彈少年團，因為一直與粉絲溝通，使得自身的哲學得以顯露。讓建造防彈少年團王國變為可能。雖然結論性而言，這是防彈少年團向粉絲傳達真心獲得了好結果，但是過程中需要很長的時間，以及很多的努力和風險，這是眾所皆知的。

世界共感於防彈少年團的信息

防彈少年團是名符其實的「全球」偶像團體。但是和以韓國境內人氣為基礎，再擴散到世界的其他K-POP團體不同，而是建構一個跨越國界、忠誠度高的粉絲群，他們的信息抓住了全世界十幾歲青少年的心。能如此獨特在全球市場獲得人氣的理由是什麼呢？

首先是網路環境的發展，韓國文化振興院產業分析組張民知（音譯）博士說明：「媒體格局的變化，讓在一個國家的內容可以同時傳播到全世界，粉絲群也實現超國籍連結。」金秀哲（音譯）和江政秀（音譯）博士在二〇一三年發表的論文〈韓國流行音樂的跨媒體探究〉論述：「YouTube連結全世界無數的大眾音樂（產業）的社群網路，形成一個遍布全球的網絡。」其聚焦於模糊國境的線上社群環境。房時赫也表示：「在超連結時代，透過YouTube等社群服務，要接近全球的粉絲變得容易。」

此外，他也補充說明網路環境加強了信息引起共鳴的成效。房時赫提及：「青春的苦悶是全世界普遍性的，不受時間影響，對海外粉絲也能獲得共鳴。」防彈少年團選擇對青少年安全的主題為信息，溫和的主題有親和力。然而，另一面看起來也許會覺得無趣。

就業務的角度來看，防彈少年團的信息和哲學能夠引起全世界的共鳴，在於正確的時機。

娛樂團體的概念決定長期性可擴張的潛在市場的大小。防彈少年團從導入期跨越到成長期，根據K-POP市場環境選擇合適的主題，對青春的苦悶、對愛情的等待、夢想社會改變等模式，任誰看來都美麗無比。

但是這些主題並非永遠都適用，時期不同、商業策略不同，正確答案也會不同。現在的防彈少年團傳遞的信息可以非常溫和，不是可以帶來話題性的主題。防彈少年團一開始以校園暴力、叛逆等社會指控的概念，引發強烈的社會爭議，但現在概念有所轉變，雖然維持社會性的信息，但傳遞較為感性、溫暖的感覺。

早期，如此簡單的主題是屬於K-POP的特色，對於聚集粉絲、傳播歌曲非常有效用，因為美國的大市場還不是過激的信息或不同的概念可以崛起的時機，現在不需要差別化，只需維持現有K-POP樣貌的時期。

就結論而言，現在防彈少年團的方向雖然是成功的，但未來相同的概念並不會千遍一律通行。

K-POP打開了市場，進入成長階段，類似的概念簡單也無所謂；K-POP進入成熟市場之後音樂就需要差別化，此時多元的概念將出現。將由多一點差別化、水準高的優質的音樂人發展成一個多樣分裂的市場結構。

防彈少年團因為現代共通熟悉的信息可以和青少年粉絲溝通，但背後還有一股更重要的力量，那便是世界經歷過衝突的族群間，冀望獲得同感寄望集結起來的運動。

進化的粉絲團：團結、擴張、表現

防彈少年團超國界的人氣根源除了來自前述的成長故事、同感的信息、防彈少年團的努力，和網路環境的發展、開放性結局等社會性趨勢的原因，但光具有這些還是不夠的，這些要素扮演技術性的觸媒，但還不是由下往上的，也就是說還不是社會性運動的泉源。

二〇一八年全球搜尋集團價值管理小組指出，防彈少年團在短時間可以構築一個泛世界的粉絲群，總體性的原因是「超國籍的集體意識」。過去很長一段時間潛在的集結意識已經成形，青少年和上個世代相較之下帶有被剝奪感，雖然被不安環繞，卻沒有機會集結成一種聲音，加上美國境內非主流的亞裔、拉丁裔少數族裔和留學生群體共同具有的孤單、反抗心理，有表現出來的慾望，防彈少年團觸碰到他們的內心並表現出來，便成為他們的中心點，而聚集在一起。

集體動員是現代社會的一種全球性現象。二〇一六年英國的極右民族主義決定英國退出歐盟，不只如此，強力推向本國優先主義的美國總統川普，中國主席習近平、俄羅斯總統普丁等，代表族群的糾葛在全世界發生，之所以發生這樣的情形，是因為全球合作進展迅速，卻沒有準備好接受多元的價值，產生極右主義、人種主義，排斥新移民。既得利益者害怕自己的權力被剝奪，心理上的恐懼造成厭惡非異性戀者、驅逐少數民族、虐待動物等世界性的問題，導致集體動員的結果。

防彈少年團搭上這股少數民族青少年全球共識日益增長的潮流，從世界音樂慶典、跨國界的慈善活動可以看出，世界年輕世代的集體文化透過一個叫做防彈少年團的媒介而浮出水面。加上防彈少年團的成員們率直的風格，讓亞洲的粉絲在這段期間從K-POP明星身上感覺到的距離感一轉眼縮減了不少。透過這樣努力的溝通，跨國籍的忠實粉絲集結的意識化為現實。當代的徬徨與不安、被上一代壓抑的年輕世代抒壓的欲望、少數族裔被主流差別待遇及藐視等，亞洲年輕粉絲的集體文化被表達出來。

就文化觀點來看，防彈少年團擺脫上一代的階級主義和物質主義，朝向多元主義和人本主義，透過自己的歌曲，傳達安慰：「不必堅持變偉大，沒有夢想也沒關係，成為什麼人都沒關係。」自身就是美麗而令人珍惜的人，這樣的信息批判在現代強索成功的階級主義和經濟主義。

從過去整齊劃一的經濟重心時代跳脫，重視多元和社會性價值的文化是今日的大趨勢。勇敢發出聲音吧！這樣的意志在年輕世代早已十分澎湃。粉絲以防彈少年團為中心顯露的社會文化運動已清晰可見。

新世代的青少年具有很巨大的優點，對於今日現有的物質經濟主動做出選擇，並具有加工的能力，促進無形的價值。防彈少年團做為平等網路社會的指標，讓當代青少年優點得以盡情發揮。韓國文化產業交流財團法人調查研究組金雅英（音譯）研究員說明：「防彈少年團凝聚力非常強烈，來自不同國家的粉絲大部分是數位原生世代，不會照單全收供給者的商品，而是積極的尋找自我的文化，他們是擅長在線上空間再創造的世代。」防彈少年團自身成為能讓這群青少年盡情發揮、互相尊重的平台，提供他們聚集的機會。

集體智慧帶來集體行動。俄羅斯作家列夫托爾斯泰所著的《戰爭與和平》中，描寫個人意志總和帶來集體行動。偶然遇到一個像拿破崙（所謂天才）的領導，便爆發出巨大的運動。

今日世界的青少年不分國籍人種基於認同感的基礎上，偶然因防彈少年團而團結起來，並且在現在的主流流行音樂市場，托防彈少年團之福認識了K-POP，某領域正在擴大中。

就商業角度，這樣的集結意志，也就是說要發掘有顧客潛在需求的成長市場非常困難，為了要發現這樣的機會，最好的方法就是以特別的變化為根據，永遠先做假設，再來找證據。舉例來說，青少年和世界同步流行某種和過去不同的時尚品牌，或是推特統計數據發生跨國境的同步現象，這時必須找出數據的事實是什麼。如果覺得困難，先確定已經發展為成長市場的投資項目，再開始創業比較好。

平台現在是假想的國家

防彈少年團為世界各地的青少年建立了一個社群空間，對他們來說，可以稱為粉絲的一個理想的假想國。

假想國成為聽音樂的聽眾、看影片的觀眾、重製影片的製作者、發表意見的會長們愉快到訪的遊樂園，集體智慧的參與度越高，防彈少年國擴張的速度越快。

就商業角度，防彈少年王國扮演著像臉書、亞馬遜一樣的平台角色。所謂的平台，是在一個共同的目標下，參與者活用共享資源將槓桿效應極大化的系統。平台向外揭示問題，對參與者提供激勵，朝建設性的方向打造雙贏。防彈少年團成為全球各地青少年共同探討的主題，集結參與者互動，獲得槓桿效應。參與活動的防彈少年團的粉絲們，則獲得個人滿足和被認同的尊重做為激勵。

當今社會平台的影響力越來越大，原因就是平台占據了消費者的時間和努力。在過去生產時代，供給者可以左右消費者，但是進到消費時代，消費者擁有絕對的力量。為了獲得消費者的青睞，必須要先引起他們的興趣，抓住他們的眼睛和耳朵。因為消費者相信平台，並且能夠自由活動，於是在平台花了很多時間並產生影響。平台是消費時代能和消費者溝通的唯一倉庫。

從娛樂內容市場來看，過去傳播媒體直接擁有音樂、遊戲等內容服務平台，但是現在ＩＴ公司透過智慧型手機和操作系統，有了和客戶接觸的關鍵時刻（ＭＯＴ客戶接觸點），傳播媒體注定要對他們交出大部分的收益。

現在消費品製造業處於停滯狀態的原因是什麼呢？過去製造商直接具有銷售點，直接供貨給顧客，但是沃爾瑪、亞馬遜等大型零售企業，獨占了通路，直接掌控了顧客決定消費的瞬間，因此製造商被剝奪市場主導權，而喪失力量。

在韓國擴張中的外送ＡＰＰ，正上演激烈顧客接觸點爭奪戰，過去由餐飲店直接接觸的的顧客，被集中在一個平台，影響力急遽升高。對顧客來說，平台有助於方便收集餐館的資訊，但是餐廳的整體收入勢必下降。

對金融產業來說，貸款業務的ＧＡ（法人保險代理商）直接掌握客戶的接觸點，正在掠奪各銀行和保險公司的盟主地位，此外，像社群軟體 KakaoTalk 這樣大型、擁有客戶接觸點的 Kakaobank，正試圖以金融服務搶攻金融市場。讓客戶接觸點的競爭更形火熱，既有的金融公司只能擔任單純開發新商品及提供基礎設施的角色。

核心的角色是顧客，能搶奪顧客的時間才是贏家。在物資供給過剩的現代，最終購買者的議價能力漸漸增強，顧客的決定權變大的同時，供給者的力量就會變弱。雪上加霜的是，替代品的競爭威脅也日益增加中。

產品的製造、服務和消費者漸漸疏遠，加上定型化盛行讓模仿變得容易。情報資訊快速提供讓技術平均化。隨著自動化和機器學習的技術發展，無法再繼續提高生產效率，獲利率卻漸漸降低。結果只能將生產過程簡單化及擴大規模來降低成本一途。因此過去二次工業革命發展的大型製造企業陷入成長停滯，市占率漸漸縮減中。

防彈少年團成為平台

防彈少年團沒有著眼於增加眼前的收益，花更多的時間和顧客交流，反而成功吸引顧客的時間和精力，並建立一個自我擴展的平台，圍繞良性循環的軌道運行。早期防彈少年團製造的素材量雖然也不少，但在現在良性循環的平台裡，粉絲們製作的內容像滾雪球般，活動量比起最初的素材已經多到算不出來的量。這樣的平台價值已經提升為完整的企業價值，從長遠來看，它可以經由合作夥伴關係，分銷和廣告，帶來盈利的流程。此外，也可充分利用最近成為話題的區塊鏈和虛擬貨幣技術，發展成一個系統性的社群。

現在成長中的企業大部分像防彈少年團一樣，屬於知識型平台公司，特別是服務全球的企業都有一個共同點，即屬於顧客接觸點的服務。構築一個特定服務的平台以獲得龐大的顧客群，之後以獨占收益—贏者全拿（Winner-akes-it-all）的方式運行。簡而言之，現在的成長企業只要先搶下顧客接觸點，在整個產業發揮強大的獨占影響力，就能賺取極大的報酬。

臉書、亞馬遜、Google等支配世界的先進平台企業，運行和防彈少年團相同的模式，以免費的服務→增加活動量→獲得信賴→獲得收益的公式來擴張產業。像以朋友圈網路社群出發的臉書，具有ＳＮＳ的特性，自然確保產生大量的流量而實現良性循環。沒多久就掌握美國全境，並擴張勢力到全球，正試圖透過廣告和合作夥伴獲取收益。

線上零售企業亞馬遜在創業初期，即使虧損也都盡力招攬需求與供給，因此維持零售業者的影響力，成為一般消費者都熟悉的公司。透過平台的良性循環掌控線上零售市場，不僅於此，線上零售服務已經擴張到全世界，事業領域也擴及到運送業和製造業，並收購娛樂產業，持續性確保流量，強化平台的地位。網路服務企業Google早期以PageRank的搜尋技術建立客戶群，在搜尋市場幾乎成為獨占性的強者，在確保主要收入（廣告）後，費心擴張成為多方面的平台。

以一個平台來看防彈少年團的話，現在服務的觸角已廣泛延伸出去，構築的品牌也已生根，發揮力量的時期正到來。許多業務平台公司也一直擴張服務領域，增加顧客活動，持續努力維持良性循環。但必須注意，並不是擴大模稜兩可的服務，而是找出客戶潛在的需求，並為他們解決需求，提升活動量。

另外一項重點是平台品牌的形象，不管是蘋果還是Google 都對企業哲學深入研究，經常傳達給大眾，費心思管理一個平台的品牌形象。傳達企業未來的方向，也是提供一種神祕感，讓顧客自由想像，因而離不開這個平台。

防彈少年團也是一樣，未來必須努力擴大傳達防彈少年團的哲學和社會意義、知性反省，讓平台可以一直良性循環下去，讓像披頭四、艾爾頓強一樣的社會哲學根植於心，有助於打造一個豐富的平台。

現在是創造故事性、討論話題的好時機。如果草創期的企業無法獲得想要的話題性可能會被埋沒，但是已經走到良性循環的企業卻很容易被放大話題。

防彈少年團克服鴻溝的意義

K-POP 專家金憲植（音譯）認為：「Psy在紅了一首熱門歌曲之後，無法持續維持明星光環，防彈少年團則與之不同，持續創作著十世代粉絲們能引起共鳴的歌曲，因為他們知道怎麼和粉絲交流，所以能持續人氣。」

MBC的裴順卓音樂家說明：「Psy的〈江南STYLE〉給人一次性強迫中獎的感覺，但是防彈少年團以自己的力量和粉絲們一起創下新紀錄，未來感覺防彈少年團的人氣還能持續好一陣子。」事實上防彈少年團包括最近的專輯有六張唱片連續登上《告示牌》兩百大專輯榜，證明並非一次性的人氣。

許多人將防彈少年團現在的人氣和過去的Psy〈江南STYLE〉相比較，從Psy的實例也可以知道，要維持長時間維持爆發人氣並不簡單，雖然Psy以〈江南STYLE〉在《告示牌》百大單曲榜中連續七週第二名，氣勢如虹，但是最終維繫人氣失敗。

很多人預測防彈少年團的人氣將能持續，原因在於現在的成績是長期和粉絲雙向交流所誕生的成品，打下非常牢固的根基，其中真正的價值正慢慢顯現出來，說明他們的人氣不會輕易被動搖。

但防彈少年團的人氣會永久持續嗎？誰也不敢打包票，即使業界蒐集所有正式的情報做綜合分析，由於不確定因素十分龐雜，就算日後某個專家做出正確的預測，也是偶發的結果論罷了。

然而，從防彈少年團的成果已經可以看出，曾經在世界流行音樂市場陷於鴻溝的K-POP確定上升到成長市場的階段了。根據經營法則，現在是K-POP團體進軍世界舞台最適合的時期。防彈少年團的後續效應逐漸顯現。以正統K-POP為首的各類熱門及跟風的作品陸續投入市場，男團和女團們也都躍躍欲試。對K-POP還不熟悉的群眾即使暈頭轉向，也能樂於聆聽，但隨著經驗值日益增加，也將漸漸具有分辨K-POP玉石的眼光。這時就要追求差別化，某些團體將占領屬於自己的領域。

過去一般大眾的立場，從眼睛看得到的人氣和《告示牌》榜單的音樂來判斷音樂人的影響力，並且認為人氣的原動力來自作品的音樂性。但是現在消費者團體的力量完全勝出，背後則是平台規模的戰爭。

HOT是九〇年代韓國正宗的第一代偶像團體。從出道到二〇〇〇年初解散為止，擁有極高的人氣。在當時韓國的偶像文化中，看得出HOT先發制人的效果，因為他們以鐵粉為基礎，搶先吸引青少年粉絲，因此在成長市場的浪潮中，HOT

還是可以占領偶像市場，當時的粉絲團屬於非社群網站的族群，和偶像之間只能單向的溝通。

防彈少年團感覺很像今日超連結社會的HOT。如果說有差異的話，就是HOT當時活動的舞台僅限於韓國，而防彈少年團現在的舞台在全世界。其次和粉絲的溝通並非單向，而是雙向交流這兩點差異。

如果將K-POP的市場浪潮看成一個獨立的市場，這市場算是一個零和遊戲，最先來占據領地的就是主人，防彈少年團的幸運之處在於他們比其他競爭者早一步到位，占據有利的位置，並且在現代雙向交流的文化特性上，長時間和粉絲雙向溝通而具有競爭力，建立競爭者進入的高門檻，這是正面的部分。但是其他競爭者肯定會進入這市場，而且K-POP將成為一種主流音樂。

事實上，青少年的心是多變的，防彈少年團踏著九〇年歌謠界HOT創造的浪潮而來，全球市場正在形成一種文化共識，而凝結成一個大市場，需要一群多元個性的音樂人參與，這不單純從文化的角度看，從商業的視角而言，能夠理解一個以青少年文化為主題的平台，比較有幫助。在現在的經營環境中，消費者是重心，重要的是讓他們能夠參與，累積關係獲得信賴，因為這是企業能夠成功並且長長久久的唯一道路。

SUMMARY 4

網路行銷

- 臉書、亞馬遜等現代大部分的科技企業努力在抓住顧客的眼睛和耳朵，一家能掌握顧客的時間並帶走所有的收益的公司，便是顧客正在使用的平台。
- 防彈少年團成為一個全球K-POP粉絲的平台，在網路上傳大量免費的素材和粉絲交流，隨著素材累積，粉絲們可以透過防彈少年團體驗更多，防彈少年團平台活動的爆炸式增長是由於粉絲之間以重新編輯內容進行溝通，而傳播到世界各地。

- 防彈少年團一直聚焦於目標受眾，越過臨界點，持續一定水準的良性循環，成為今日可以擴張到一般大眾的原因。
- 防彈少年團已經實踐社會性義務，以及和歌迷之間的橫向連結。從長期發展來看，已經打下樹立平台哲學的基礎。
- 集體行動文化是世界性的現象。今日非主流青少年群體對抗焦慮、匱乏，反對歧視和蔑視少數民族，以防彈少年團為中心表達出來。
- 曾在世界流行音樂市場身陷鴻溝的K-POP，隨著防彈少年團躍升到成長市場，預測將有許多正統的K-POP音樂人陸續投入市場中。

PART III

從防彈少年團看到的行銷革命

有希望的地方，
相反的就一定會有試煉。

如同前述的觀察，防彈少年團成功的要素包括「看出成長趨勢及攻略世界市場的時機」，「集中少數封閉群體的受眾」、「可以跨越鴻溝的完備商品」、「可以透過網路傳播的話題」。不局限於防彈少年團等K-POP團體和世界音樂市場，防彈少年團的活動和業務成果分別顯示出現代經營環境下成功的代表性要素。將這些要素和我們的商業活動相對應，一項一項檢視每個狀況下可以適用的原則，可以做為日後成功的墊腳石。

從整體性來看全球市場，消費時代的到來，市場成熟階段的成功原理，平台產業世界性擴張的意義，網路行銷的核心原理等，都是今天經營者共同追求的知識。此外，小規模企業為了成為全球企業，該具備什麼條件？在不同階段該做什麼動作？就經營策略的觀點必須要講清楚說明白。

此章闡述這些主要的經營法則，並舉幾個產業面的實例說明業務上如何實際運用。

5 消費革命的時代來臨

第四次工業革命是消費革命

比起其他的偶像團體，防彈少年團所具有的極大優點之一，就是和粉絲的緊密結合，這是長期與粉絲分享生活點滴，積極溝通結果所累積出來的。這一點是別的偶像團體短期之內無法複製的珍貴財產，特別在我們進入消費時代的這一刻，將發揮強烈的力道。

過去的人氣偶像團體固守所謂的「神祕主義」，將私生活蒙上神祕的面紗，只展現帥氣的模樣，給粉絲帶來一種神祕感，強調偶像和一般人不同，過著華麗又帥氣的生活，給人優越的印象。這絕對是垂直的物質主義社會中，為了讓別人羨慕所維持的形象。

需求—獲利鏈

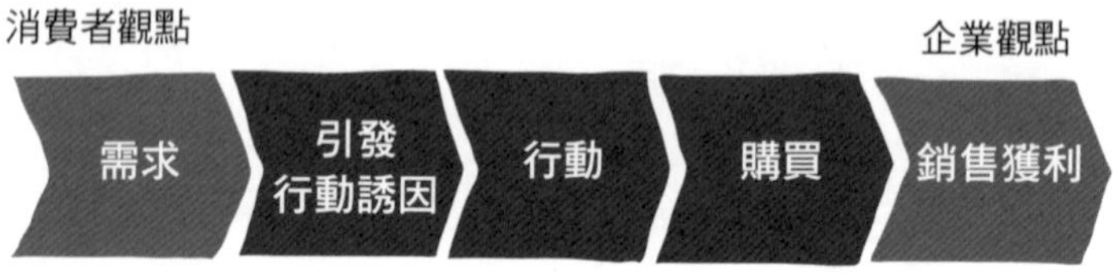

但是防彈少年團的形象完全不同，反而強調和一般平凡的青少年沒有什麼不同。從防彈少年團演唱會畫面或音樂錄影帶中，不會感覺到他們華麗而富貴，反而強烈感受他們既前衛又感性。揚棄高級豪華轎車或名牌衣物等階級主義的產物，強調平等和個性，朝向謙虛、彼此尊重、均衡的社會前進。防彈少年團不是英雄，以朋友的角色和粉絲和諧相處，並希望大家一起成長。

現在的粉絲不再只是購買偶像團體的音樂，而是創造明星的角色，這時代供給者和消費者位置逆轉了，這是全世界產業的共同現象。

被議論紛紛的第四次工業革命如果要以一句話說明，可以說是已在全產業領域掀起波瀾的「消費革命」。製造業以製造者為中心大量的生產，已經轉為配合消費者的需求而生產。雖然很多人無法衡量經濟的主宰由生產者轉為消費者是多麼了不起的一件事，但是這卻讓世界上所有的一切全在翻轉中。

臉書的創辦人馬克・祖克柏（Mark Zuckerberg）、Google的拉里・佩奇（Larry Page），以及推特的傑克・多西（Jack Dorsey）等科技產業的經營者和員工開會的時候，有一個絕對不會用的字眼，那便是「銷售」。大部分的企業人士都會把「銷售」兩字掛在嘴上，為何現代企業先進和他們截然不同，絕口不提「銷售」的原因是什麼呢？

許多企業都對銷售和獲利十分關心，主要是因為董事任期短，業績壓力大，為了短期的成果只好強力壓迫組織。但是埋首在獲利數字，為了提高銷售數字，只好依賴短期處方，集中在馬上看得到效果的廣告或是折價活動，漸漸視野變窄了，只顧慮公司本身的觀點，離消費者越來越遠。我們要創造什麼樣的企業價值？客戶需要的是什麼？遺忘了長期的實質上的問題。

銷售數字上升是因為有消費者購買，消費者購買的原因（就行動經濟學而言）是因為誘發了行動，行動發生的根本原因是消費者的需求。在過去生產時代，以生產為主的推動式行銷還能作用，但是在現在，必須要接受消費者的選擇，企業能夠滿足多少消費者的需求決定了成敗。獲利只是隨後而來的成果。當企業關注消費者忘了銷售的時候，才能長期持久經營下去，當企業忘了消費者、只關心銷售的瞬間，便會落入深淵。

生產時代已經過去，邁入消費時代。物質和資訊生產過剩，消費是比生產還重要的經濟議題，因為物資不足而擔心生存問題的必要性也明顯降低。過去認為所有權和經濟是最佳美德，現在轉往重視共享和同感。形成追求幸福而不是追求生存的社會文化。

在消費革命時代的存活之道

在物質和資訊過剩的時代，商場上已經是競爭激烈的紅海，在供給過剩的今日，最終購買者的協商力越來越強，決定權越來越大，供給者的力量只能弱化。

二十世紀末，正在成長的沃爾瑪以壓迫貨品供應商聞名，沃爾瑪使幾家共應商彼此競爭，為自己創造有利條件，並對降價施加壓力，製造商曾經哀嘆：「和沃爾瑪合作真的是慘不忍睹，但更糟糕的是不和他們合作。」

像這樣被零售商操控，又不得不被擺布的理由是什麼呢？因為沃爾瑪掌握消費者的接觸點，有需求的一般消費者影響力越來越大，隨著零售商（平台）擁有和消費者接觸的機會，便奪得業界的支配權。

進入二〇〇〇年代的消費者市場，呈現飽和狀態，依靠大量生產的供給者因為設備過剩、庫存累積而一個接著一個關門大吉，所有的商品都有太多的供應者，這間公司的商品和那間公司的商品難以分辨，為了生存下去唯一的方法就是降價、縮減利潤，如果連這樣都行不通，只好期待競爭者先倒下，進行明知賠本卻還要販賣的膽小鬼遊戲（The Game of Chicken）。

人類經濟進入低成長時代，雖然中國和印度等新興經濟體和技術開發勉強帶動生產的成長，但從可用的生產力層面檢視，生產量已經遠超過消費量，最終結束了生產時代。

現在世界的中心不是生產，是消費，當今聚焦的所有技術全都關注著消費者。

二〇〇〇年代起實境秀節目很受歡迎，始祖可以說是一九九九年荷蘭的節目《老大哥》，展現在大家面前的是參與節目的主角如何實際在一個空間生活。之後各地流行起實境秀，「倖存者」、「鑽石求千金」等以生存遊戲的形態各顯雄風。韓國則以《無限挑戰》等開啟實境綜藝節目的大趨勢。

實境秀成功的原動力有兩大項，其一為手中握有很多選項的消費者，想要不被假情報欺騙的心理；其二為傳達活生生實際的情感，可以和消費者的心比較貼近。

實境秀參與者的行動引發觀眾的同感，間接給予某種體驗，意外的變化和失誤更顯得有真實感，能讓觀眾更傾心投入感情。相反的，一般節目設定好腳本，讓主角照本宣科，反而讓觀眾產生無法克服的陌生感，因為不能形成認同而漸漸疏遠。

隨著消費時代來臨，供給者和消費者越來越緊密結合，因此必須要能夠站在消費者的立場設想，並且必須引起他們的共鳴。在消費時代不能讓消費者認同的企業將很難生存。

防彈少年團重視和消費者的溝通，投資最多的精力和時間，這是在消費時代走近消費者最重要的原則。即使是為了賺錢而經營公司，也要從獲得認同出發。走過競爭快速增長的日子，社會和諧相處的時代來臨，同理心更顯重要，一直傾向於理性那一端的人類秤砣，現在慢慢朝向另一端，和感性達到平衡。

越來越激烈的全球平台戰爭

防彈少年團的粉絲團可以達到今天如此龐大的規模，是因為社群集結的趨勢，形成如平台的運作模式。平台企業的角色就是打造一座自由的遊樂園，提供空間給想要直接參與的消費者，一起往未來發展的方向前進。

生活在消費時代的現代人，若是受到什麼影響引發購買欲，其中平台誘因占了壓倒性的比率。就企業的立場，比起過去想要獲得客戶的心變得困難許多，為了獲得客戶的心，必須進行很多交流，進行交流的地方就是平台，必須在平台讓消費者參與，即使是負面的活動也比沒有活動好。無論如何從長期的觀點，能發動消費者參與的一方是有利的。二〇一八年全球銷售平台的顧客活動調查結果顯示，即使沒有馬上增加銷售額，顧客的活動增加的話，長期而言是產生收益的重要因素，就算是活動引發不滿的狀況發生，活動的價值仍然會呈現在之後的收益中。

現在這個時刻，只有掌握顧客接觸點的企業可以存活下來，因此需要動員所有手段聚集消費者進行活動，為此必須免費提供一些獎勵，甚至提撥一些費用獲得顧客的參與。

防彈少年團在早期幾乎無限供給免費素材上傳網站，對於東南亞缺乏經濟能力的青少年來說，像是乾旱中的及時雨。他們不久就為防彈少年團瘋狂，盡情沉迷於K-POP的世界。此外他們也積極和防彈少年團的成員交流，可以和K-POP明星交流，這是過去沒有的經驗，幾乎不花任何費用就獲得無法估算價值的珍貴經驗。這種努力的結果，造就一個強大的粉絲群，以東南亞青少年為中心擴散到美洲區域。

我們還可以看到另一個實例，是和上述策略相近的零售企業。

好市多曾經有一個非常規的訂價策略，在當時成為很大的話題，便是「降低暢銷商品的價格」。就像防彈少年團以免費素材獲得粉絲的心，好市多運行一個低價提供暢銷商品以獲得顧客青睞的系統，這直接違背了經濟學裡所論述的「需求越高，價格就越高的供需原則」，但是好市多即使在零售業蕭條的時期依舊維持成長，二○一四年銷售額達一一二六億美元，純利高達二○六億美元的紀錄，成為商場的常勝軍。其中的奧祕為何？

好市多的暢銷商品售價比競爭者低很多，幾乎沒有剩餘利潤，因此會員們相信在好市多購買的所有商品都是最低廉的價格，忠誠度也就非常高。好市多獲得消費者的信賴，可以維持更多的會員販賣更多的商品，於是就有壓低價格的餘裕，形成良性循環。

好市多形容此為：「企業的利害關係和顧客的利害關係一致。」話雖然沒錯，但為了徹底了解好市多訂價策略的成功之道，經營學者有必要分析其中的意義。

對於具有高購買需求的產品，以低價格大量銷售，是以顧客為導向的策略性市場定位，就是說好市多的主要目標，是為「需求旺盛的客戶提供大量中等質量的產品」以獲得消費者的信任，並擴張平台。換句話說，是「為了抓住消費者當人質」，以忠實於平台業務的策略。

現代企業的基礎無論如何都是「顧客」，「顧客的活動（流量）＝企業的價值」，在平台為了提升顧客活動量必須穩定提供服務，但在過程中不能辜負顧客的信任。

"Don't be Evil"

Google掌握全世界90％的搜尋引擎市場，是獨步全球的平台。但是他們的首要目標，是提高消費者的搜尋滿意度更勝於獲利。透過大數據統計和消費者分析，找尋「最優化的資訊」，呈現搜尋結果。於是擁有牢固的使用者和穩定的流量，獲得成功。這是他們忠於Google的座右銘"Don't be Evil"（不要變邪惡）的結果。致力於提供消費者有價值的資訊，而不覬覦以失真的資訊賺取不正當的利益，此座右銘包含這樣的意義。

和Google的企業哲學一致的防彈少年團，他們的真誠一樣長時間漸漸展現出真正的價值，防彈少年團的成員率直分享所有感觸，不帶任何的商業目的，這樣過了三、四年的努力打開粉絲的心，最終變成感情黏密的一體。

假使Google以利潤為主，將大數據加工提供扭曲的搜尋結果，不但會遺失顧客，平台也將被搶走。同樣的若是防彈少年團以收益考量來選擇粉絲選擇節目的話，像現在A.R.M.Y的粉絲群恐怕也不會存在，因為基於真誠擬聚的共感帶是商業手段無法比擬的重要支撐力量。

雖然不知道Google這個例子是不是基於業務考量，為了擴張平台而選擇的策略，但的確成為了獲得顧客信任的好榜樣，揭示一條企業該走的路。

防彈少年團如何獲得收益

就像防彈少年團以免費的素材抓住粉絲的心，許多企業也提供免費的服務吸引顧客，那麼小型的技術平台企業爭取到客戶的時間之後，如何轉化成收益呢？

二〇〇六年成立的新聞及娛樂網站BuzzFeed，二〇一六年的企業價值評估為十五億美元，這是因為BuzzFeed的未來在市場獲得極高的評價，核心的關鍵就是流量。

一方面以稱為「誘餌式標題」的輕幽默低俗文章，在SNS年輕用戶中廣為流傳，另一方面BuzzFeed針對成長中的網站和移動設備，以及成長中的年輕用戶設計正規的報導，依據不同的受眾給予不同的內容，以「先進來享用」為優先目標。

將以上的過程稍做整理的話：①首先全面推出只要是人、就會有所反應的誘餌式標題內容；②尋找用戶的需求，挖掘適合他們的內容，讓他們持續瀏覽網站（建立忠實客戶）；③透過廣告、服務收益化，建立可以持續成長的模式。

不只是BuzzFeed，哈芬登郵報和拼奇Pikicast均以SNS和手機用戶為中心擴散。這是現代數位媒體明顯的特徵，也是B2C企業創造收益的基本原理。

企業的存續目標是追求利潤，不管什麼樣的平台公司最終都是要致力於盈利。雖然初期為了要擴增平台規模，必須先使盡全力，但不能不漸漸思考獲利模式，端看每個公司將獲利基礎的市場大餅養得多大（具有多大的夢想），只有這樣的差異。

防彈少年團平台最終也會擔心獲利模式。Big Hit娛樂經紀公司一旦上市，發生財務壓力的話，就不得不思考營利性。平台企業無法避免追求利潤，只是時間的問題。

回頭再看之前提到的好市多案例，好市多能繼續維持低價策略嗎？並不會如此，而逐漸注重獲利。好市多採會員制，不是會員甚至無法入場，由於比起沃爾瑪，商品利潤非常低，不足的收入由會員年費補貼。可以預見的在逐漸掌握顧客接觸點後，會員年費和商品售價將會上調。

追求利潤會可能損害平台的價值，相較之下獲利規模最大化是為關鍵。Google的搜尋服務不是直接收益的來源，因此尋找獲利模式，最適當及容易的是廣告配對，許多公司最困難的就是將商品和服務資訊推播到他們的目標客群，但是Google運用大數據運算，可以很精確的做配對，讓廣告效果擴大。Google首先尋找消費者的需求，提供搜尋服務，

接著尋找企業需求，將廣告推播到目標客群的搜尋結果頁上，由於搜尋結果和廣告必須明顯區分，使得消費者不會混淆，因此廣告會標示「Google Ad」，此外不會讓廣告超過三列，努力不妨礙實質上的搜尋。

● 勝者獨食

驅動平台的根本原理便是讓顧客聚集進行互動，進入二〇一〇年代，TMON、Coupang、Wemakeprice 等社交電子商務公司急速成長，大企業營運的大超市和全球 SPA 品牌也進入市場，零售的大型化正在急速發展，他們不約而同透過擴大規模壓低售價，為消費者帶來低廉價格的優勢，這和好市多「企業－顧客利害關係的一致性」相通，即是所謂「人多的地方便宜」的概念，但是真的「人多」就便宜嗎？

這些公司的未來，我們可以經由亞馬遜來微觀。由線上零售出發的亞馬遜早期也以「誘餌式」商品和價格吸引消費者，提供符合他們的服務，獲得忠實顧客，沒多久掌握顧客接觸點，現在的亞馬遜擴張到企畫、生產、物流等領域，提供商品和服務，隨著零售商獲得主導權，亞馬遜直接參與部分類別的商品生產，垂直整合增加獲利。提供高級會員資格、直接製造商品、慢慢提高價格以增加收益。最終現代社會還是勝者獨享的方式，消費者將支付這段期間省下來的費用。

●世上沒有白吃的午餐

過去，HOT以強大的粉絲團為基礎，人氣紅不讓，在長久分裂的韓國流行音樂市場變得獨大，現在防彈少年團則是在世界流行音樂市場的舞台實現了大型化。大型化是全球性的現象，生產、加工、製造業等大企業讓國境之間的圍牆倒下，成為跨國的大集團。現在全世界都無法避免要玩膽小鬼遊戲的現實。初期是製造業的大型化，因為廠商聯手壓低價格就能擴大市場，在B2B產業中大型化很容易，之後到了B2C市場的大型化，所謂的消費者聚在一起而變得更大，就是現在的模式。

大型化初期物價低廉，看似對消費者有利，但是絕對多數使用平台，形成其他業者進入的門檻，從那一刻價格開始上漲，對消費者開始變得不利。因為就經營者的立場而言，「沒有低價提供的理由了」。

在今日B2C的產業賺錢有三法則，尋找大錢包（集中最富有階層），或是尋找需求量大者（進入新成長市場），或減少供給者（壟斷市場）。我們將圍繞在人類周圍的商品和服務個別看成獨立的市場的時候，在各市場獲得利潤的原理就是

「可以分得多少人類的錢包」，如果壟斷市場的話，就不需要價格競爭，廠商可以獲得「願意支付（willingness to pay）的價錢」。

資本主義體制最警覺的就是「壟斷」，就經濟學的觀點，市場完全競爭，供給者的利潤就會向零收斂，因此消費者就會獲得許多好處。反之，市場形成壟斷的話，企業會用盡所有手段獲取最大利潤，如果沒有替代品出現，消費者的選擇就只有「買或不買」，這時的價格會是消費者願意支付的最高價格。

舉例來說，使用 Google 搜尋引擎的客戶成為最大多數的話，廣告公司就只能按制訂價格付款。同樣的微軟的 Windows 操作系統或國家基礎設施，都市的天然氣供應，道路等都具有無法選擇性，供給者就有訂價的力量。特別是在內需市場小的國家，壟斷能源等服務的話，對消費者很不利。另一方面對企業而言，不管用什麼方法，獨占市場都是至上的目標。

隨著「客戶接觸點平台」市場競爭的白熱化，短期很難獲得利潤，於是直接採取壟斷市場的法則獲得生存。

● VIP 策略

防彈少年團散布免費素材可以持續到何時呢？什麼時候才會實行獲利模式呢？它將在幾年內確定，並考慮市場的條件進行模擬來實行。

韓國的社群電商市場，過去雖然有很多競爭者進入，但現正重組為ＴＭＯＮ、Coupang、Wemakeprice 等少數優秀企業，連這些站主導地位的企業都需要面對持續縮減赤字、盡力確保消費者平台的狀況。那麼，何時才是社群電商產業為了獲利採取行動的時機呢？對此，選擇策略的方法取決於公司未來的價值，為了長期打平台戰爭，在不侵害公司實質利益的範圍內，需要找尋現金牛，或是實施保齡球策略（將產生的收入再投資）來應對。

ＩＴ企業不斷面臨的問題是創造獲利模式，盡全力向消費者傳遞價值，但即使提升品牌知名度，無法連結到財務價值的話，累積的資源就會成為泡沫，因此「擴大既有平台確保顧客策略」和「確保獲利模式及未來成長戰力」是一定要抓住的兩隻兔子。

因此產生了所謂免費增值（Freemium）的獲利模式。免費增值是免費（free）

加高級（premium）的合成語。以免費服務吸引顧客後，將高級的機能更改為收費，慢慢創造獲利方式。基於不動搖顧客對平台信任的基礎，一方面確保獲利的財源。

像是IPTV的付費節目、亞馬遜的會員服務、電子遊戲的道具等，全都是一開始免費，在用戶有認同感之後，經過一段時間再收取費用。

這樣的經營決策一般會制定一套方案做模擬分析，得出一個預測的財務報表來做決定。由於收費對市場的衝擊很難預測，所以階段性的試行運作來實施獲利模式。當然防彈少年團不會對基本的素材收費，但是顯而易見將來會漸漸推出階段性的獲利模式。

網路平台的未來發展趨勢

對青春、焦慮、愛情、叛逆等主題具有同感的世界粉絲們，以防彈少年為中心組成了群體，並基於這種表達的需求形成網絡。人有多種面貌，希望分享對不同主題的感受。舉例而言像是家庭、旅行、運動等，這就需要的另一個表達路線的平台，而不是防彈少年團。

特別是現在的十世代，會依不同的目的使用YouTube、Instagram、Snapchat、推特等多種平台，在現代社會不是單一的網路，只讓一個人呈現一種樣貌，而是一個網狀網路，讓每個人多樣的情感利用不同的平台來抒發。

● 從1對N到N對N

心理學家卡爾榮格（Card Jung）曾說：「人具有一千個面具，會依據不同的情況戴上不同面具以維持人際關係。」這說明人在待人接物時（不管是不是出於本意），會依據不同的對象呈現不同的形象。即使你遇到某人改變了角色，對方也會依自己的判斷來解讀，人際關係都是這樣的方式。不是1對N，而是N對N的關係。

線上環境要具體呈現現實社會中N對N的人際關係幾乎不可能，以代表性的臉書而言，針對某個朋友的貼文會暴露在所有人面前，因此只能以「即使某人看到也沒關係」的含蓄內容上傳，或者充其量創建各個社團，在不同社團使用不同的面具。

依據美國的民調機構皮尤研究中心的調查，二〇一八年美國的十世代臉書使用者是51％，比起二〇一五年的71％下降20％，回答「相信臉書」的比率更只有9％。對於不擅長使用面具的青少年，雖然加入SNS很容易，但要離開也是很容易。臉書或推特顯現出發展局限的實質原因，便是在表現人類不同面貌這一點是失敗的。

另一方面以多元性為基礎的平台，諸如「個人或群組移動訊息服務」正在急速成長，KakaoTalk、Snapchat、WeChat等為代表的N對N平台，不是單一人格的個人表現，會根據和對方的關係進行不同的溝通。再者，年輕人與其透過臉書類的社群網站單項表述，不如在YouTube找尋有興趣的內容進行群組活動。

現在的移動SNS不是單純的溝通服務，平台現在雖然專注於擴張客戶接觸點，但未來的積極目標是讓使用者即使在線上，也能傳達在實際社會關係網中所具有的豐富情感。

因此許多企業正在針對使用者各個N對N的關係，發展有助於表現身分認同的服務，像是訊息、貼圖、背景圖、禮物、照片、金融商品等，加快擴大服務範圍的腳步。

● N對N商務

N對N的平台概念也可以在零售產業中窺見，人雖然會在自己有興趣的領域投資時間和金錢，對沒興趣的領域就想順順的「跟著別人」。一般對時尚有興趣的女性上班族不會關心電腦軟體或是家具組裝，相對關心電子產品的中年男性，不會表現出對時尚或是電影的興趣，這取向也反映在消費方式上。結果人和商品、服務果然還是N對N的關係。

舉例而言，有孩子的年輕女性會到百貨公司或商店挑選自己關心的女裝，仔細評比後購買最新流行單品，但是對於老公或小孩的衣物就會到過季商場購買中低價的品牌。還有一般理性的消費者平常會在線上訂購便宜的食品，但年節送禮時就會到賣場挑選最高級的禮盒。

現在成為話題的全通路零售（Omni Channel）及三六〇度顧客分析，就是此類

N對N平台需求的結果。過去雖然只針對有經濟能力的VIP顧客做行銷，但這就顧客觀點，是非常沒有效率的方式。在日漸多元的現在，只有透過綜合的顧客分析，能針對不同商品和服務執行最恰當的行銷，只有這樣的企業得以生存。

今日的消費時代，正在展開為消費者量身訂製服務的無限競爭，漸漸針對消費者多樣需求，提供不同的商品細節、平台、服務。為了解決顧客的需求獲得信賴常常要花費很高的費用。初期獲利很困難的企業，需要維持投資或以現金再投資，為此必須提高成長率，或以初始成果獲得現金，我們將在下一章中進行討論。

SUMMARY 5

消費革命

- 當代的第四次工業革命是貫穿整個產業領域的「消費革命」。物質和資訊過度生產，現在的經濟議題是消費比生產還重要。
- 企業可以滿足多少程度的消費者需求事關事業的成敗，關注消費者而忽略銷售額時，長期而言是可以維持企業機能的做法；但忘了消費者只關心銷售的瞬間，企業將會跌落深淵。
- 在消費時代，現代人購買的誘因中，平台的比重壓倒性獲勝。廠商為了獲得顧客的心，需要和他們多多交流溝通，能夠交流的地方就是平台。
- 防彈少年團的免費素材抓住粉絲們的心，許多企業也以免費的服務吸引顧客。藉由不斷的提供服務提高流量，以及獲得顧客信任。

- 平台企業最終的勝者獲得一切，消費者將支付過去所減免的金額。在企業大型化的初期，物價低廉，消費者看似受益。然而，從絕對多數使用的平台形成進入壁壘的時候起，公司便會提高價格並且從消費端賺錢。
- 在現代社會，不是單一的網路，只讓一個人呈現一種樣貌，而是一個網狀網路，讓每個人多樣的情感，利用不同的平台來抒發。

6 如何培養閱讀市場的眼光

永遠存在可能成功的市場

正如防彈少年團在適當時機進入成長市場，我們的公司也能適時進入成長市場嗎？未來什麼樣的產業有希望？未來的商業競爭會是什麼樣的面貌？許多經營者對所謂「當紅」的市場感興趣，認為只要看得懂市場的成熟階段，企業已經成功了一半。在這一章我們將透過產業壽命週期來探討閱讀市場趨勢的方法。

產業壽命週期是新創公司或新事業負責人非了解不可的市場原則。必須要能夠認知各階段的市場特徵，並明確區分，重要的觀察重點包括市場的成長率、競爭程度、反應顧客、營利率等。透過研究、測量以判斷產業正處於哪一個階段是必要的功課。

產業壽命週期階段特徵

階段	導入	成長	成熟	衰退
成長率	增加或停滯	增加	停滯	減少
競爭程度	低	增大	高	減少
企業特徵	中小型企業 進口公司	大型企業 進入及紮根	大型企業 壟斷	大型企業
製品	少數製品	種類增加	最適當的種類	優秀製品
通路	有限制	販賣店家增加	多種通路	減少
價格	高	低	多樣	多樣
反應顧客	早期採納者使用	對流行敏感的 大眾使用 早期採納者減少	保守大眾使用 流行敏感 大眾減少	保守大眾 減少
策略	建構品牌 教育 / 認知 開發完備商品 跨越鴻溝策略	模仿 少數製品 擴張 速度	大型化 專業化 差別化 競爭策略	提高獲利能力 結構調整

●微觀的市場

分析產業壽命週期時，常有對階段感到混淆的情形，許多企業的經營者和策略負責人在做決定前，雖然會努力預測市場，但因為判斷錯誤而失去進入市場的時機，或讓公司陷入險惡的狀況中。在多元且劇變的經營環境中，正確分析市場漸漸越來越難。那麼為了正確判斷市場，應該怎麼做呢？透過細微觀察來區分市場，以產業壽命週期來判別市場位於哪一個階段是必要的。

●細分市場：靜靜流動的江河也有水勢兇猛之處

防彈少年團出道時，是韓國流行音樂市場的成熟期，由主流經紀公司的團體偶像壟斷市場，傳播媒體也和經紀公司聯手，讓屬於中小型公司的防彈少年團很難有露出的機會。和韓國差不多的美國流行音樂市場，則處於成長率近乎零的蕭條期，世界流行音樂整體看來並不是有發展的市場。

亞洲地區購買力雖然不高，市場大餅也不大，卻是成長率高、魅力十足的市場，何況亞洲的年輕人有進入美洲的趨勢。如此將巨大的市場細分，就會發現成長市場依舊存在。

讓我們看一下類似案例，手機通路市場在二〇一〇年中期，整體看來是一個成熟的市場，競爭非常激烈，沒有其他更革命性的手機上市，很明確的通路市場位於成熟階段，正確的判斷是不要進入此市場。但是，如果將市場細分化，故事便不同了，零售通路雖然年平均減少11％，線上通路年平均卻增加81％。因此以細分市場的觀點，可以看出線上的手機市場還位於成長階段。事實上，一家電信公司可以開設一家線上專賣店並掌控成長市場。

因為市場細分化，產業壽命週期階段也會不同。每個市場有不同的邊界，應該要精確定義市場範圍並加以分析。盡可能準確判斷一個市場位於的階段雖然很重要，但如果分析的產業範圍過大，可能會錯失有魅力的小市場。

試著尋找有可能性的細分市場，接著研究是否自己的公司可以進入。舉例來說，教育市場整體規模雖然每年減少3％，但是將市場細分來看，零到十四歲的幼兒和小學生的天使產業[3]過去十年來，年平均成長率達10％以上，是魅力十足的市場。進入這市場和一般教育市場所需的產業很明顯完全不同，不是所有業別都能投入。進入門檻很高的話，先從自己有沒有能力投入開始分析，如此先斟酌自身投入市場的能力，從細分市場裡選擇最有成長性的領域進入的話，已經成功一半了。

從傳統區分的產業來看，會覺得成長市場非常稀少，即使有也是競爭激烈的紅海，但卻不是完全沒機會，社會在變，消費者的需求會一直產生。隨著物換星移成長中的產業永遠都存在。防彈少年團雖然在以進入成熟期的流行音樂市場出道，但是亞洲市場、網路技術、重製影片等成長市場讓他們獲得了人氣。由於以大範圍來觀看趨勢不容易發現機會，有必要適當細分市場。

看起來靜靜流動的江水，一定有水勢猛烈及微弱之處。

時機：何時該投入市場？

● 導入期和成長期的差異

二〇〇〇年代初期，當ＳＭ娛樂的寶兒在全亞洲登場時，消費者的反應非常

譯注3：指幼兒美髮、寫真、醫院等只為兒童服務的產業。

好，市場熱切期待不久的將來，K-POP將在世界發光。JYP娛樂的偶像團體Wonder Girls制定稱霸世界的策略，判斷在美國市場沒有K-POP的競爭者，既是無主空山，市場便具有無限的魅力。二〇〇八年推出了復古風的舞曲〈Nobody〉進入美國市場，但是消費者的需求並不大，雖然似乎獲得閃亮的人氣，卻呈現長期停滯狀態，最終撤離美國市場。這樣的美國市場一直到二〇一〇年中期，對K-POP的舞台表演、音樂錄影帶、EDM等需求才爆發，並因防彈少年團而急速成長。

Wonder Girls的實例是導入期和成長期判斷錯誤的個案。特殊群體增加消費，被誤判為一般大眾有所反應的成長市場所致。

商品在導入時期上市，在大眾化以前需求不高，這樣的停滯時期有鴻溝的存在。陷入鴻溝的時候，基本上顧客需要熟悉的時間，跨越鴻溝就進入成長階段。在成長期最先反應的大眾，是可以帶動完備商品流行的顧客群，主要是對價格和流行很敏銳的相對年輕的階層。

二〇〇〇年代K-POP在北美市場是「有點厲害但陌生」的商品，偶像團體的外貌不具親和力，歌詞有些陌生，通路也受限，接觸的機會不多。主要是東協、西班牙裔等非主流群眾有所反應，一般大眾也不想要了解，出現這樣的情況就是導入期。等到對價格和流行都很敏銳的打噴嚏者陶醉時，就是成長市場的開始了。這時期跨越鴻溝，打開爆發力十足的大眾消費者市場，然後進入成長階段，通路和競爭將迅速擴大。

● 成長市場和成熟市場的差異

二〇〇〇年後半期 EDIYA 投入韓國咖啡專賣店的市場，當時許多專家認為咖啡專賣店的市場已經呈飽和狀態，預估很難再成長。但是 EDIYA 的營業額卻每年急速上升。原本以為咖啡專賣店市場已位於成熟期，沒想到仍在成長階段，當時消費者的需求其實非常大，只是礙於店內的空間及業者進入布局的門檻而呈現飽和假象。像這樣很多人對市場產生猶豫，是因為誤判市場已經到了成熟期。EDIYA 掌握顧客的隱性需求，以便於接近的小店面打下江山，咖啡專賣店仍在持續成長。

在市場成熟期出現成長率停滯，同時競爭變激烈，具有差異化的商品開始出現。

憑靠大型化的優勢，幾家企業重組形成壟斷的狀態。二〇一〇年中期咖啡專賣店的市場規模增長放緩，但成長率並未停滯。如同其他餐飲業和手機營銷商一樣，競爭並非過度激烈，流行敏感大眾對咖啡專賣店的需求一直在增加中，慢慢的不同風格的咖啡館也相繼冒出，但是整體來看，咖啡專賣店即使到現在每年也還有10％的成長，考慮日本的咖啡市場比韓國高出四倍，因此分析韓國咖啡市場還在成長期。仔細觀察細分市場的競爭、成長率和營利率，便能正確掌握市場現在的狀態。

APPLE和防彈少年團的共通點：不同階段的價格策略

為什麼防彈少年團至今未追求獲利？企業該何時追求獲利？通常經營有一半的功力表現在「定價」上。商品售價的微小差異會對整體成果造成巨大的影響。因此定價策略務必要精確細密，根據前述提及的產業壽命週期（市場）和商品接受週期（消費者）的經營法則，也適用於價格策略。

二〇〇七年，蘋果的史提夫·賈伯斯將iPhone的價格從五九九美元下調到三九九美元，這項政策刺激蘋果的狂粉，遭受激烈的抗議。然而，蘋果即使遭受責難卻堅持下調價格的理由為何？

企業有其產業策略，並依此訂定價格，關於這點可以根據產業壽命週期來做說明。導入期重要的是建立品牌和獲利，因此這時候會制定高價而不是低價，意圖從一部分有反應的顧客身上獲取現金，意即初期必須制定高價策略（同時建構品牌）。

一旦進入成長期，必須擴大市場占有率成為市場強者。因此採取相對低價策略，才能跨越鴻溝，提升市占率。

當成熟期來臨時，市占率和獲利都很重要，因此有必要增加銷量。此時必須制定能讓銷量極大化的價格。

在衰退期來臨時，以確保收益為主，必須制定高價來確保現金收益。

蘋果的價格策略也依據產業壽命週期計算出的最佳結果。iPhone 初上市時五九九美元的高價，在導入期從早期採納者開始增加銷售額，並建構高級品牌形象。之後為了進入成長階段，將價格壓低到三九九美元以突破鴻溝，之後 iPhone 快速掌握市場，帶來智慧型手機的大眾化。

之後iPhone的發展以銷量極大化的價格帶，依不同國家來定價，運用了在成熟市場的價格策略。就像這樣依據市場的發展階段，目標不同價格策略也不同。

防彈少年團的超低價（免費）策略，是對於市場尚在成長期的亞洲青少年層十分適當的選擇。提供無形的素材內容成本費用也接近零，這些優質的素材內容對K-POP十分饑渴的許多粉絲而言，已經充分具有強烈的號召力。

SUMMARY 6 市場的潮流

- 事業的成功與否，過半因素取決於市場趨勢。可以利用產業壽命週期架構來辨識市場趨勢。
- 巨大市場細分後，只要有成長潛力的市場存在機會就存在。基於自家公司的能力，有必要在能力許可範圍內，進入增長速度最快的市場。
- 從導入期跨越到成長期會經歷身陷鴻溝期間，直到對流行和價格敏銳的打噴嚏者享用時，才能見到跨越鴻溝進入成長階段的起始點。
- 在市場成熟期出現成長率停滯，同時競爭變激烈，具有差異化的商品開始出現。仔細觀察細分市場的競爭、成長率和營利率，便能正確掌握市場位於的狀態。
- 依據市場的發展階段，目標不同價格策略也不同。導入期為了建立品牌和獲利，會採取高價策略。進入成長期時，為了擴大市場占有率必須採取低價策略。成熟期來臨時，必須實施銷量極大化的價格政策。並且在衰退期來臨時以制定高價來確保現金收益。

7 第四次工業革命的行銷法

全球市場獲得口碑的祕訣

音樂錄影帶和電視等是一般粉絲正式接觸防彈少年團的方式，也獲得很大的迴響。但如果要將流行延伸出去，ＳＮＳ的經營、非正規的網路影片等就扮演更重要的角色，粉絲們以自由非官方的方式重製影片，創造無數的故事，增幅呈現無法控制的狀態。一般公司如果想要增加這樣的影響力，需要什麼要素呢？

設定目標客群，使他們發揮傳播力量。但是，如果漣漪效應推不動的話，就需要給他們投擲可以散播的情節，可以談論的有趣材料越多，增加憧憬心理和拉近距離的效果就越好。此外，行銷過程總是存在障礙，這時，需要擬定戰略，解決問題以達成目標。在這裡介紹一個和防彈少年團類似的飲料公司行銷案。

紅牛飲料（Red Bull）是一種由奧地利飲料公司 Red Bull GmbH 製造和銷售的高咖啡因能量飲料，一九八七年第一次上市時，就在全世界的市場前所未見的急速成長。

紅牛認為，要引發機能飲料市場的爆發力道，有必要針對時尚的年輕消費者。但是成立一家公司，販賣新產品給引導流行的年輕人，不是普通的困難，因為崇尚流行時尚的年輕人非常挑剔，也不容易被行銷手法征服。紅牛專注於最初的目標，決定「在流行前導的年輕客群間引發話題」，擺脫傳統的行銷方式，為了達成目標不限制手段和方法，在法律允許的範圍內自由發想所有方案。

首先，紅牛有意散布了奇怪的傳聞：「紅牛含有微量毒品和催情劑」、「紅牛含有從牛睪丸中提取的成分」等，話題性十足的傳聞。年輕人喜歡故事性，新鮮感和令人興奮的題材，因此對這些傳聞反應十分熱烈，並將謠言快速傳播。

其次，紅牛在時尚年輕人喜歡聚集的夜店廁所，撒了許多壓扁的紅牛空罐，來夜店的許多人看見廁所各個角落的紅牛空罐，產生錯覺，心想：「這群很愛玩的孩子喝很多紅牛啊！」開始憧憬紅牛的形象，也增加消費。因此，紅牛成為充滿能量又時尚的年輕人的象徵。

第三招，紅牛在年輕人主要觀看的極限運動上廣告，主要在武術，賽車，滑板等項目。這些運動渴望尋找廣告商，因為觀眾僅限於年輕階層。紅牛便策略性的鎖定極限運動，在這群目標客群前不停打廣告。

結果紅牛在年輕流行前導客群間引爆，成功成為全世界的暢銷飲料。一家沒什麼資本的小飲料公司，可以以小投資成長為全球企業，其祕訣就在於為了目標不設限，選擇最佳的行銷手段和方法，以及徹底執行的態度。

像第一次般靠近

想要解決行銷的問題，取決於意志和如何面對狀況，越是大企業越是經驗豐富的人員，越可能受限於刻板的思考。活用既有的經驗雖然很不錯，但固守經驗也有危險，有可能忘了思考目標或錯過時代的浪潮。用長久以來慣有的方式似乎比較自在安心，萬一出奇招成績不好的話，只有自己受傷，如果不是攸關公司生死，絕對不會做出革命性的行動。

用來表達解決問題的成語中，有一句「未曾相識」（vuja de），是羅伯・蘇頓（Robert Sutton）「逆向思維法則」中「似曾相識」的相反語。意指雖然是日常行為，卻有第一次的感覺。

什麼是好像第一次看到日常熟悉的行為。舉例來說「那個人為什麼那樣走路？」「那個人的頭髮為什麼是黑色的？」必須帶著疑問的眼光來看事情，必須弄清楚目標，以孩子的心態，不帶成見的思考，不設限手段和方法去尋找答案，透過腦力激盪來假設和求證，以尋找出路。紅牛接近年輕客群的方式，就是自由的集思廣義，所選出最佳方案。

製造切馬鈴薯刀的A公司，以性能絕佳的刀鋒席捲市場，但也因為大部分的主婦已經有了這把刀，無法再增加銷量。雖然嘗試過多種行銷方案，但依舊沒什麼效果。顧問們把行銷焦點放在「讓人們再多買一把切馬鈴薯的刀」，進行行為觀察。

調查發現，主婦們削馬鈴薯時，會收集馬鈴薯的皮放在碗裡，切完所有馬鈴薯後，主婦們會將刀子放在裝得滿滿的馬鈴薯皮的碗上，然後處理馬鈴薯，之後將刀拿起來，把碗裡的馬鈴薯皮倒入垃圾桶。

顧問獲得下面答案——「請將刀的手把做成馬鈴薯皮的顏色」，結果切馬鈴薯刀的銷量開始增加，因為主婦在倒馬鈴薯皮的時候沒有看到刀子（顏色太像了），所以將刀子和皮一起倒入垃圾桶，主婦們沒辦法，只好再買一把刀子。

物理學家愛因斯坦曾說過這樣的話：「如果你給我一個小時來解決問題，我將用五十九分鐘來定義問題，用一分鐘找到解決方案。」

通常諮詢顧問們不會一開始就嘗試提供全新的方案，只要集中思考問題，尋求解決辦法，就會有絕妙方案出現。商場上的創意不是從天才腦中突然浮現的，而是集中思考問題尋求解決方案。

凱洛管理學院的安德魯・瑞茨基（Andrew Razeghi）教授說過：「在沒有特定目標的情況下追求創新，就像希望在診斷疾病之前就開始做手術的外科醫生一樣。」

請集中於問題，這是引導我們內在創意唯一的路，是在人工智慧時代來臨時，必須具備的姿態。

要掌握領先趨勢先「假設」

防彈少年團搭上了網路技術的提升、全球影像重製風、開放式結局等趨勢，是一個非常超值的巧合。我們該如何做，才能走出一步半步就能先掌握這些趨勢呢？

正在成長中的趨勢要如何洞燭先機，跟著投入，這一點悠關商業的成敗。但是預測趨勢是非常困難的，沒有目標的關注市場，就會什麼都看不見，「你只會看見你所知道的事」是鐵則。市場分析和客戶分析的祕訣就是先假設，再收集事證和數據。

大部分的人會輕忽重要的商業現象，但是只要站在客戶的立場，先行假設再觀察現象的話，忽然之間看似平凡的事都會跳進眼中，成為解決問題的關鍵。讓我們看一下夏洛克．福爾摩斯的軼事。這位名偵探，以解決基於假設的問題而聞名。

在小說《銀色火焰》中，有個案例是一名騎士被殺，同時有一匹賽馬被盜。福爾摩斯在調查現場時詢問案件相關人員：

「那天晚上沒有特別的狀況嗎？」

案件相關人員如此回答：「完全沒有特別的狀況。」

福爾摩斯再丟出一個問題：「那麼那晚的狗怎麼樣？」

所有人回答：「狗很安靜。」

福爾摩斯接著問：「難道這情況不特別嗎？」

陌生人闖入就會吠的狗，對認識的人是不會叫的，因而狗很安靜變成特別的線索，福爾摩斯因此推理犯人是熟識的人。他就犯人入侵屋子的假設求證，便發現狗不叫的情況很奇怪。

想要比別人快一步掌握趨勢，必須要專注特別的事實。為了邏輯性的說明，必須反覆進行假設和求證，接下來將介紹幾個在實際的業務狀況中，以假設的方法來解決問題案例。

一家太陽眼鏡專賣店低價推出的太陽眼鏡銷售不佳。製造商的代表從敏銳的顧客角度，思考購買行為的假設，想起之前賣場管理者的一番話：「買一送一的商品賣得非常好，但是打五折的商品卻一件都賣不出去。」

為什麼買一送一活動可以賣出，打五折的商品卻滯銷？從顧客的觀點來看（過去的經驗）打五折的商品一定是商品本身有問題，所以才會降價，但是買一送一是酬賓活動，或是新商品上市，所以是商品暫時的低價（再送一個）的感覺。顧客的一般需求就是：「想要低價買進高品質商品」，但討厭打折的低品質商品。

顧客認為價格低的太陽眼鏡品質不好，其實大部分的人無法得知太陽眼鏡的品質究竟為何，就發生了以價格來判斷品質的現象。要讓他們覺得品質好的方法，就是在價格表上標示高價。於是製造商提出了高價商品被認為品質好的說法，它解決想要以低成本購買高質量產品的顧客的內在需求。該戰略立即實施，並在當年取得了很好的成績。

如果正在尋找具體的成功行銷因素，應該關注不尋常的事實，並嘗試從邏輯上解釋它們，不尋常的事實是隱藏的百寶箱。要做到這一點，我們需要一種假設的方法。

許多人想要解決業務問題的時候，會盲目收集資料並分析，但是從資料開始做分析這件事，形同想要煮沸整個海水的行為，整個人被淹埋在資料堆時，漸漸變成「不是我在使用資料」而是變成「資料正在消耗我」。在龐大的資料面前，將不知道自己應該做什麼，而迷失了方向。

因此，我們應該先考慮應用面並進行分析。我們擁有的資料只是驗證假設的一種工具。應該先要有明確的目的，主動尋找需要的資料來用，為了做到這一點，我們首先必須回答（假設）來解決問題，所謂的假設就是關注顧客的實質需求，不帶限制尋找答案。想要解決根本問題，必須習慣以假設接近問題，並以觀察、數據、實例做為解答的手段。

在書中重點提及的防彈少年團成功要素可以看出，如果你設定了一個假設並批判性看待它，會有很大的幫助。這個被稱為魔鬼維護者（devil's advocate）的角色，可以訓練自己從不同的角度探究問題。

舉例來說，「防彈少年團從出道開始一直很認真進行活動，為什麼到現在才獲得注目？」，或者是「別的偶像團體編舞更華麗，為什麼只有防彈少年團的舞蹈在海外成為話題？」類似這樣的提問要回答很困難，但是做為邏輯訓練，這樣的過程對於尋找深奧的成功原理有很大的幫助。

可口可樂的顧客意見調查失敗的理由

完備商品的最大特徵就是要符合顧客的口味，商品不只要具備功能，還要顧慮顧客的文化和習慣，傳遞一種熟悉感。從iPhone的例子可以看出，只要符合顧客需求，壓低技術水準也沒關係。那麼如何做到理解顧客需求，並符合他們的口味呢？

一九八五年可口可樂針對年輕人，推出策略性的新產品「新可樂」，事前花了四百萬美元做市場調查，訪問大約二十萬名的消費者，在試喝調查中，新可樂的喜好度以63％對37％的差異，大贏傳統可樂，基於這樣的結果，可口可樂公司信心滿滿，認為新可樂可以成功，於是大張旗鼓在市場推出，但是卻遭受慘敗，最終退出市場。白費四千八百萬美元的行銷費用，還失去了忠實顧客的信任。

到底為什麼市場調查研究會和實際的成果不同？事實上，除了商品性能，人類的行為心理、價值觀等都會影響購買行為。想透過民調分析基本需求以外的人類行為是很困難的，不是單純的問卷統計，而是需要能夠閱讀顧客心理的方法。

世界上有三種謊言：謊言、該死的謊言和統計數字。因此建議你在行銷方面不要相信統計數字，問卷調查和訪談。

事實上在電視新聞裡雖然報導：「消費者物價指數下降2％」，但實際到市場中，或是去買東西，卻很難感受到物價下降。有可能因為和統計數據的採樣目標不同，因為無法知道明確的受訪對象和方式，以這樣的統計報告做為行銷依據非常危險。

和統計資料一樣不可信的還有問卷調查和街訪。如果看現在企業進行的問卷，可以發現大部分是一般的問題：「請問您一個月使用幾次？」或者是為了更正式的訪問，進行所謂焦點訪談（F.G.I [Focus group interview]，聚集少數顧客進行詳細的訪談），但依舊沒有太大差別。

如果仔細看提問的題目，大部分是「您為何會購買我們的商品？」、「為什麼在百貨公司購買？」、「為何買黑色的？」等，為了掌握顧客的需求，以顧客直接回答的答案做成統計結果而誕生的商品，實際上市的時候會賣得好嗎？只透過提問的形式獲得的調查，很難充分的了解顧客，就像前述所提可口可樂的例子，顧客其實「不知道自己想要什麼？」

滿足顧客期望的方法

滿足客戶期望的最佳方式，是與客戶互動並感同身受。

防彈少年團在休息室的情景、在舞台後方準備的模樣，以及在正式拍攝的空檔發生了什麼事等，都會放在網路上公開和粉絲互動。此外，防彈少年團不用個人網路帳號，而是用團體的單一帳號，可以單一而有效率和粉絲進行雙向的交流。他們也透過ＶＡＰＰ直播現場和粉絲對話，而不是單純表面的問候，他們會認真看待粉絲的煩惱的事，一起討論共通的主題，如此互動日漸親近，很自然會知道粉絲們想要的是什麼。

當然，很多企業無法像防彈少年團一樣自由自在的和顧客溝通，這樣如何得知他們的需求呢？最好的方法就是體驗他們的生活，其中的道理和防彈少年團所做的方式相同。不是提問者和回答者的關係，而是觀察顧客並像他們一樣生活，以發現他們對產品或服務的需求。

全球製造及零售事業品牌 P&G 想要掌握南美地區消費者對家用清潔劑的需求，但不論進行什麼調查，獲得的答案都是：沒有對現在產品有不滿意的地方。但是 P&G 相信顧客一定有他們自己都不知道的、感到不方便的地方，所以開始觀察顧客的實際行為。觀察的結果發現，購買清潔劑的顧客，會將大體積的商品夾在側邊或抱著走路（雖然現在清潔劑都有提把），因為當時清潔劑的包裝都沒有手把，所以顧客也不會覺得不方便。但是 P&G 在這裡發現了顧客的需求，於是在產品加上可以用手提的手把，讓顧客可以輕鬆提著走路。這樣的設計獲得好評，銷售也因此增加。

由此得知，企業必須觀察顧客並和他們感同身受，才能得知他們真正的需求。

一般意見調查的問題設計不實際，便無法得知想要的資訊，或是無法相信受訪者的答案，又欠缺分析調查結果的能力。解決問題點掌握顧客需求非常重要。如果無法像上個例子一樣觀察消費者的話，有一個最好的方法就是只使用關於行為的實際情報，這是針對顧客無法說謊的方式設計的，只能具體的描述顧客，主要使用影子訪談，聯合分析和剖析技術，接下來要介紹其中的影子訪談術。

影子訪談術是描述顧客幾個最近發生的事（購買商品行為），以問答的形式發現內在的需求。像影子一樣跟著受訪者的描述，在腦中重現購買體驗，就像用觀察的手法一樣，可以用來了解顧客。如同刑警偵訊案發過程進行訪問。不像傳統訪問中是直接要個答案，但在這裡，只就購買的情況發問，尋找顧客的需求是問卷的任務。

沒有不努力就能理解顧客的方法，必須和他們感同身受、合而為一。防彈少年團和粉絲年齡層相仿，又累積許多共同的情感，很容易讀懂粉絲的心。一般的企業像這樣的機會不多，所以要試著從顧客的角度採取行動。為了獲得有關顧客行為和內心的信息，不應該是簡單的問卷調查或訪談。雖然沒有必要「讓顧客說出真相」，但至少「不要讓顧客說謊」。

打造完備商品並推銷的時候，和顧客的共感比什麼都重要，防彈少年團最大的成就就是和粉絲的共感，而且過程是自然成形的。

如今在消費時代，企業有多了解他們的目標客群，就決定他們會有多成功。請以和顧客相同的視線，理解他們並尋找他們的需求。

SUMMARY 7 創意性解決問題

- 在商業中，創造力不是來自天才的靈感，而是來自於專注於問題，並考慮如何解決問題。在人工智慧時代，能夠牽引我們內在創造性唯一的路，就是專注於問題的姿態。
- 要搶先掌握正在成長的趨勢雖然很重要，但是不容易，沒有目標的注視市場，就什麼都看不到。釐清目標設定假設，再收集相關資訊是必要的。
- 想要解決商務上的問題，必須要專注顧客實質上的需求，從零出發設定假設，並以觀察、數據和實例證明這個假設。

● 很難用提問的方式充分理解顧客，因為一般人不知道自己想要的是什麼。為了滿足顧客的期待，必須和他們充分互動建立共識。直接觀察顧客並像他們一樣生活，以發現他們對產品或服務的不方便之處。企業應該只利用據實描述顧客行為的相關訊息，並主動尋找顧客的需求。

8 像防彈少年團一樣行銷

新創公司贏得過亞馬遜嗎？

防彈少年團被稱為「中小的奇蹟」，在小小的經紀公司成功成為世界級的明星，是相當罕見的案例，一般的企業有可能做到嗎？在如此競爭激烈的時代，小的新創公司如果想成長為屈指可數的國際級大企業，該怎麼做呢？

我們需要從防彈少年團的發展中，學習企業的發展策略，但不能套用防彈少年團的成功要素，只是有必要從他們成功之路掌握幾項原理來應用。

亞馬遜是一家基於數據分析的零售平台，針對一億名的顧客，架構一億個最優化產品選項的購物中心。利用平台和演算法，為消費者量身制定好出現在網頁的產品，是現今全球最好的大型線上購物方式。他們非常敏銳的掌握顧客的需求，以演算法推薦商品：主要是利用該消費者購買的習慣和曾經查詢的商品分析出結果。即使如此，亞馬遜始終無法滿足所有的顧客。就像在玻璃瓶放入小石子，無論再怎麼巧妙填放，還是有沙子可以鑽進去的空間。同樣的，一個平台無法滿足顧客的所有需求。

人類，不是只用演算法就能解答一切的理性存在。雖然可以以演算法針對不同的個人和群組來推薦最優化製品，顧客從第一次點入網頁瀏覽（不只是商品），到結清購物車，便顯現自己喜好的設計、照片、清單、標語等取向，但即使是亞馬遜.com 這個單一的平台也有局限，無法滿足所有顧客的個性和喜好。

我們來研究亞馬遜的時尚網（Amazon Fashion），這是以一般消費者為目標的網路購物中心，但是亞馬遜除了 Amazon Fashion 外，還保有 Zappos、Shopbop、East Dane 等個性鮮明的購物網子公司。如果 Amazon Fashion 就能對每個人提供最優化的產品的話，就不需要其他獨立的網頁了。但是 Amazon Fashion 這個平台對於個性鮮明講究時尚的消費群而言，很難萬事具備投其所好，因此需要前述的獨立網頁。

與此相仿還有臉書的 Instagram，是鎖定喜歡玩拍的客群，提供了一個獨立的空間，將照片功能強化藉此提升流量，這便是 Instagram 社群網。

祕訣① 分割市場

防彈少年團和過去的 K-POP 明星 RAIN、Wonder Girls、Psy 等不同，他們沒有直接攻打美國的大眾流行音樂市場，和主流劃清了界線，並集中亞洲體系的少數群體。如果現有市場處於競爭強烈和成熟階段，則有必要劃定目標來占領市場。

基於商品接受週期，顧客分為兩大類，就是一般大眾和價值追求者。線上購物的情況也是，對時尚比較不關心的一般大眾，會在操作簡單又便宜的 Amazon Fashion 上購買制式的商品；但是對時尚有興趣的價值追求者，會積極尋找和自己品味相符的商品。早期以定型化的商品快速成長的亞馬遜，很難攻占價值追求者的市場，認清單一平台的局限後，便開始收購個性鮮明的購物網。

如果觀察韓國的例子，會發現現在不只有商品健全的 Timon、Coupang、Gmarket、Auction 等綜合購物中心，也有專攻衣物的 Stylenanada、NANING9、JOGUN SHOP、NAINGIRL 等大型商城的實例，這些公司新登場就獲得數千億韓圜的銷售數字。市場如此改變的理由，是因為原來的購物中心無法填補價值追求者的需求，而此分眾市場是趨勢向上的成長市場。時尚網的消費者，一開始雖然會利用購物中心，在累積線上購物的經驗之後，轉而尋找個性鮮明的時尚網路商家。

小型的網路商城提供符合價值追求者品味的獨立空間，藉由鎖定目標群眾，穩固市場定位後，也發展成大型的企業。

總而言之，要打贏亞馬遜的方法，就是要明確定位顧客類型，忠於顧客的需求，並區隔市場。就像 Instagram 一樣，建立平台符合目標客群的需求，以顧客為基礎就可以和大型平台企業對抗，而像臉書這樣的大型平台，就企業的立場，最終只能共享市場，或是將其收購，此外別無他法。

祕訣②在成長市場決勝負

現在的行銷是平台的戰爭，掌握客戶的流量是當務之急。因此如果在已經競爭激烈飽和市場打仗的話，競爭者會設法築起銅牆鐵壁來防禦，對手也不想讓市場被搶奪，因此幾乎落入了零合遊戲。

因此擴張公司勢力最好的方式，便是搶進有發展的市場插旗。世界永遠在變化，成長的市場不管在那個時期都會存在。就像防彈少年團在YouTube編輯影片市場，或亞洲少數的群體市場中自然成長一般，各企業最重要的是找到自己公司最有競爭力的成長市場來進入，並一決勝負。

在大部分的產業裡，企業要逆轉主導權。幾乎是用同樣的方式搶占成長市場，來擴張忠實顧客和流量。現在有發展性的商機包括行動（手機）、線上優質品、高齡商機、生鮮食品、中國需求等領域，在這類成長市場尋找自己可能進入的領域，並擴張其平台。

失敗的經營者會犯下的錯誤行為，包括在種種必要的投資上縮手，卻投資在不必要的地方。要贏過亞馬遜的方法，就是不要忘了正確的定義自身的優勢並深耕，要不間斷察覺具發展性的市場，並滿足顧客的需求。這樣的話，有一天便能掌握市場的主導權。

無法避免的SWOT

防彈少年團為什麼可以用真誠打動亞洲的青少年，這是策略的成功還是偶然的成果？同樣的，企業如何制定中長期的的策略邁向成功？此等疑問可以試著在SWOT分析法中找到解答。

SWOT是以四個名詞：Strength（長處）、Weakness（短處）、Opportunity（機會）、Threat（威脅）來分析企業內外的處境，在制定發展的方向時使用。

這是一般企業在諮詢相關策略時，最主要使用的分析法，以我的經驗，沒有一次沒使用這個分析法就制定策略的情況發生，在怎麼看似不相關的作業程序，還是必須以SWOT來分析，才能打好基礎和方向。SWOT分析法重要的原因，不

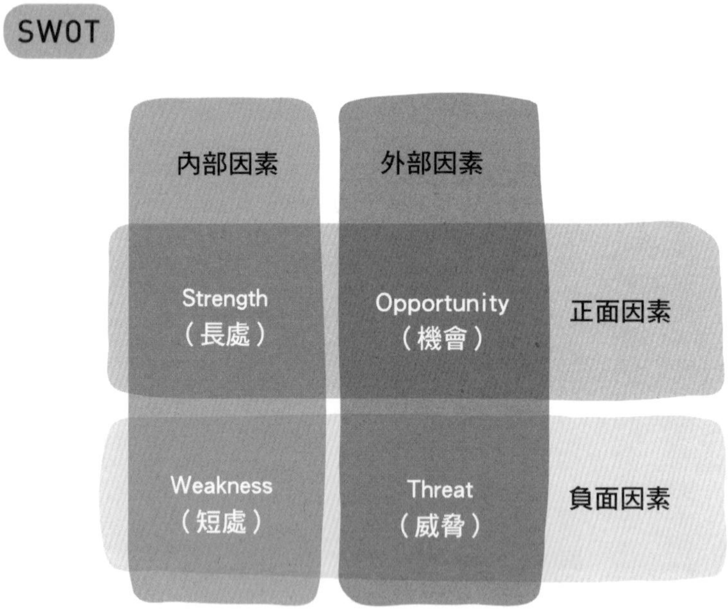
SWOT
內部因素
外部因素
Strength
（長處）
Opportunity
（機會）
正面因素
Weakness
（短處）
Threat
（威脅）
負面因素

單單只是一個諮詢框架，就像是在路上徬徨的時候需要看指南針一樣，是可以給企業方向，使其自然前進的方法。

每個企業都是一個正在經營的社會，為了提供人們價值而存在，因此必須努力創造並傳達其價值。因為是共同協力的群體，應該要在至少比別人好一點的地方集中精力提供其價值。什麼是比別人「更」好之處？掌握這一點是重要的，至於程度多少卻不重要，什麼是比別人「更」好的地方才重要。這樣，我可以協助他人，而他人也可以幫助我。我比他人做得好，他人不容易跟上（抄襲）之處便是長處。找出只有我們公司具備的長處是第一個必要的作業。許多企業不怎麼了解自己的優點，但是不管什麼企業都有自身具備的長處。應該要找出只有自己公司具有的長處，並具體的列出來。

但是，有長處也一定有短處（Weakness）。沒有公司是沒有缺點的，必須要誠實找出我們比起競爭對手弱的地方並理解它。沒必要找出所有的短處並解決它，只要明確的認知就可以。在過去工業製造的時代，企業改進缺點穩固生產系統是必要的，但是在現代超連結社會，誠實面對自己的缺點，利用周圍的生態體系來補強便可以了，在現代風險投資的環境中，集中於自己做得好的領域，其他部分外包來解決更有效率。在現今的經營環境，想要消耗資源來彌補短處，反而會傷害長處。與其想打造一個完美的企業，不如努力來打造一個成功的企業。

機會（Opportunity）和威脅（Threat）是外部因素。機會是先前說明過的「成長市場」，要贏過亞馬遜的祕方，便是以我們的長處進攻成長市場的意思。找尋機會比什麼都重要，因為即使中途才加入成長中的市場，也可以簡單並安全的發展。

威脅指潛在的競爭者或替代的商品、市場環境的變化等，當然要全部掌握各式各樣的威脅因素是不可能的，我們必須要認知會給公司帶來最直接重大影響的因素，或是近期會造成實際損失的因素，並準備對策。

今日有許多經營者拚了命在尋找所謂「熱門」的生意，當然這也很重要，但是有必要先以ＳＷＯＴ的觀點訂出綜合的策略，首先了解企業本身的長處，其次研究在成長市場中是否有競爭力。至於誰都可以加入的「熱門」項目，雖然當下看起來可能像藍海策略，但短期間有過多競爭者湧入，如果沒有充分的優勢和資本，可能會出局。只有找到適合自己長處的成長市場，豎立起進入市場的門檻，才能安全進行有發展性的事業。

防彈少年團出道早期，雖然以大膽的嘻哈風格和絕對的叛逆現身，但是風格概念一直在轉變，現在則講究感性的旋律，散發真誠的信息，便是以SWOT為指南，調整他們前進的方向。防彈少年團初期的演藝活動結束後，理解了市場的反應，回頭觀察自身的優缺點，以此掌握屬於自己的長處，並揣摩現在粉絲希望的方向（成長市場）。防彈少年團七名成員共同擁有的率直個性，和彼此親密無間的共感能力是他們重要的長處，是其他團體模仿不來的最強的武器。

根據進化論，各個生命體進化的時候，一邊適應新環境一邊反覆的進化。即使智能和器官再發達優越的個體，如果不能在當時的環境中存活，就什麼用處都沒有；但是即使智能低落卻能在環境中存活的個體便能進化。所以如何生存比什麼都來得重要。

企業的成長也是如此，每個企業集中於自己擅長的領域，並創造社會價值。必須要在這過程中縮小失誤生存下來。能夠生存並且興旺的必要分析法，便是像SWOT的管理架構。

越是小規模的企業，越是無法一次就走在康莊大道，達成既定目標，大企業可以獲得完全的資本支持，推展目標事業。小企業就要因應各階段可以存活的方向，充滿朝氣的推展進度，並且從策略性的觀點，依SWOT架構來克服障礙。

自律性——彰顯長處的力量

防彈少年團的七名成員不只會Rap、唱歌，也參與作曲作詞，而且不單只是協助的角色，而是創作出主旋律，再由相關音樂類型的專家依最新的趨勢編曲。其中有一首作品、二〇一八年防彈少年團風靡美國的黑色氛圍嘻哈曲〈MIC Drop〉，就是團長RM看到美國總統歐巴馬演說時掉落麥克風，有了靈感所寫下的歌曲。

以嘻哈出發的防彈少年團音樂類型漸漸寬廣，不只有慢波特、Emo Rap等多樣的子類型，也展現拉丁樂、電音龐克、抒情R&B、House音樂、饒舌搖滾等多樣曲風。

防彈成員全部都是二十出頭的年輕人，雖然年紀小，卻在音樂上都有傑出的實力。有著令人驚訝的學習能力，每次發行新專輯時音樂實力的提升都讓人眼睛一亮。在出道短時間內，人格上呈現的成熟，和音樂實力的精進，其祕訣就在於防彈少年團特有的「自由」和「學習」文化。「自由」和「學習」讓內心紮根的潛力，爆發成長為一股力量。

許多流行音樂的專家認為：「防彈少年團將自己內心的聲音放進音樂裡，這是他們和其他團體不同之處。」房時赫從他們出道開始，就給予成員們自由的發揮空間，他說：「沒有限制防彈少年的成員們，只希望他們能發揮善的影響力。請他們做出發自內心聲音的音樂，第一張專輯有一些和學業相關的內容，當時遭批評校園概念已過時，那是因為成員中還有很多人在學的緣故。」但是房時赫代表相信他們，依舊給予創作的自由，並承擔責任。

與現有的被控制的偶像團體相比，這些舉動是前所未有的。有些大經紀公司的偶像成員曾在電視上表示：「三年間禁止談戀愛。」或是：「到現在還沒有個人手機。」表達被控制的生活苦悶。

如果持續過著這樣不自然的生活，會和社會造成隔閡，無法和粉絲形成共感。

比這更重要的是，年輕時真心想要做某件事被控制住的話，成長的能量也縮減了。

防彈少年團是自己學習培養實力的「自律型偶像」。他們擁有自由的生活卻不是無秩序的，也不徬徨。成員們不依靠外界的力量，自己領悟學習的方法。為了音樂的進步，彼此互相教導學習，健康的成長。自由的年輕能量隨著成長而爆發，也因此能超越受限的偶像團體，而學會掌握多樣的音樂力度。

房時赫的自律原則讓防彈少年團發揮很大的力量，與其說是彌補他們的缺點，不如說是彰顯他們的優點。公司積極支持防彈少年團「寫自己的故事」和「自己追求的音樂」，給予他們勇氣，讓他們的優點加倍增長。支援他們隨心做自己想做的，讓自發性的能量泉源成為急速成長的核心力量，這同樣適用於促進企業的核心力量。

迪士尼和防彈少年團的共通點：目標指向的自律性

核心力量是指企業固有的力量，是競爭者無法複製的，堅定的促進核心力量直接關係到企業長期的成果。隨著全球競爭加劇，專業化行遍全球，促進和運用核心競爭力漸漸變得重要。舉例來說，在過去線上直銷的保險市場中，安顧直銷保險在沒有傳統汽車保險的經驗下，投入市場快速成長。然而，隨著汽車保險市場在二〇一〇年開始過熱，承銷和服務等基本能力有限的安顧就被淘汰出局。如果保險業務所需的核心競爭力不強的話，當競爭加劇時就會直接受到打擊。最終，安顧在二〇一〇會計年度虧損四三五億韓圜，而被安盛保險收購。因此雖然投身成長市場獲得成功很重要，但更重要的是，同時也要持續培養核心競爭力，才能打敗對手。

那麼就企業的觀點，核心競爭力要如何操練，如何擴張到其他領域呢？房時赫的自由放任主義策略強化防彈少年團的核心競爭力，如此的方式也適用於商業環境。由於前例的成功看起來是正確的方向，但就業務的角度可能是一種冒險，經營企業要保有這樣的自由實際上非常困難，由於風險太大，尤其是對於需要安全作業的大企業，特別是製造業或品管的相關行業，都是基於控制為主的管理方式。

在防彈少年團的例子中，需要留意的是他們核心能力的增長過程，其中有他們的價值認同和成員們的積極性，防彈少年團唱出他們內心的故事，歌曲中包含著從認同中追求的自由學習。也就是說，成員們具有方向一致的明確目標。在這個方向上進行自由和有機的協力合作，這樣的過程實現最佳的結果。

企業強化核心力量的基礎也是「企業認同」和「組成分子的積極性」。組員具有共同的目標，必須像運動隊員一樣有機的互相合作。這和無秩序的放縱，或強力的控制管理不同，在內部，它是強有力的結合，在外部，企業的方向必須一致被認可，這樣合作才可以順利，團隊才可以產生加成作用。

以企業認同為中心，自由拓展增進企業價值，迪士尼是其中典範。

華特迪士尼公司一九二三年在美國成立，是綜合媒體娛樂公司，初期以製片電影產業為主。雖然打造出幾部電影，但是最大的成名代表作，也是確立迪士尼認同的作品是米老鼠。透過米老鼠，迪士尼成為「傾力於家庭娛樂的公司」，具有強大的品牌價值，之後於基此核心力量，迪士尼推動所有的產業，包括迪士尼樂園、迪士尼公園、度假村等公園產業；以及迪士尼玩偶、衣物、食品等周邊消費性商品；ＥＳＰＮ、迪士尼頻道、網路傳媒等媒體產業。但是所有產業的中心都有「家庭娛樂」的本質在，它一直以相同的價值擴展其業務。這種「家庭娛樂」的認同是沒有任何一家公司可以超越的核心競爭力，並且像雪球滾動般最大化企業價值。

當時，若華特迪士尼忘了這個大方向，只顧著賺錢的話，把時間拉長來看，還能像現在這樣，成為首屈一指的偉大企業嗎？一九五〇年華特迪士尼設立迪士尼樂園時，度假村產業還沒什麼發展性，其他製造業和零售業等較有成功可能性的產業也很多，但是迪士尼著眼於中長期的計畫，和成功的可能性等層面，專注於家庭娛樂的核心力量。因此不管產業別，依和核心價值關連性高低的順位擴張領域，結果，迪士尼具備競爭對手無法比擬的核心競爭力，涉足的產業大部分獲得成功，直到今天建構一個穩固的產業領域。

如同防彈少年團或迪士尼般的核心力量，是依經營者的意志和當時的成長趨勢自然的構成。在過程中，企業的方向必須明確，並且要構築一個讓組員可以協力產生加成效果的環境。尤其越是知識型的公司，應該越要選擇積極的成員，來鼓勵自由和有機的團隊合作。在創意日漸重要的現代，尊重自主更勝於短期有效的胡蘿蔔和棒棍，搶救個人的長才對發展核心競爭力非常有幫助。

新創公司的保齡球策略

防彈少年團從出道開始維持的一貫政策就是「忠實顧客勝於稀客」。防彈少年團不像其他偶像團體，為了增加新的粉絲，去勉強進行擴展的活動。專注於現有的粉絲，傾聽他們的聲音。即使是這樣的政策，粉絲團照樣像滾雪球一樣，席捲了世界的市場，其中祕訣何在？防彈少年團王國並非漸進式成長，他們粉絲的規模是階段性變大，防彈少年團的活動也是階段式增加。這種「階段式擴張」可以用經營學的「保齡球策略」來說明。

今天，很多新創公司挑戰的線上市場進入了成熟期，競爭已經過熱，這樣的競爭導致線上市場頻頻發生勝者詛咒（Winner's Curse，在競爭中雖然獲勝，但為了勝利支付過多的費用，反而陷入危機，或者產生後遺症的狀況）。

網路上的顧客一般來說忠誠度很低，在這樣特殊的環境，只要商家犯一次錯誤，買家就跑到別的地方，這樣的「採櫻桃」顧客很多[4]。

實體商家雖然獲得顧客的信賴要花一些時間，才能漸漸累積忠誠度，但不會輕

保齡球策略

滾倒最前方的保齡球（初始顧客）並發揮作用之後，擴大目標客群（左側方向），並增加服務類型（右側方向）

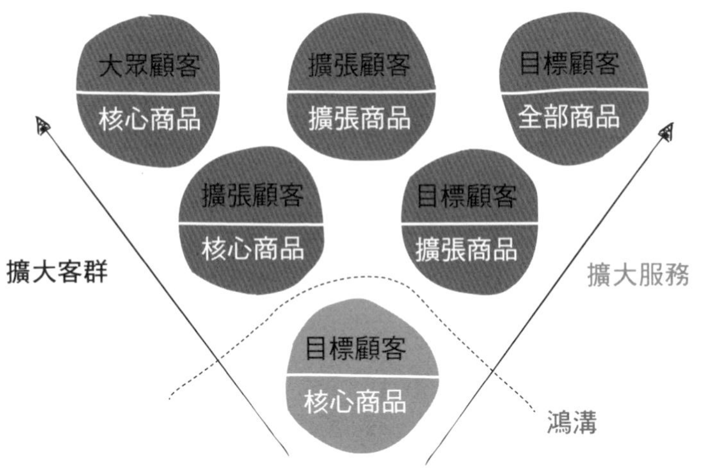

易變更商品和服務。線上商家容易讓顧客流入，卻不易獲得深厚的信任，即使殺價競爭或者是很辛苦做宣傳來吸引顧客，依舊無法保障獲利，很多時候都只是「利他的事」罷了。

如果針對很多類的客群經營產品，雖然銷售會急速上升，但也可能發生連一個忠實顧客都無法獲得的情況。

這就是過去K-POP明星們在美國市場曾經走過的歷程。

防彈少年團顧客忠誠化（主顧化）的過程，是線上企業一定要記住的部分，「顧客忠誠化」就是你們最大的課題。為此要集中核心力量於目標客群，使其忠誠化，確保流量，建構進入的高門檻。這是件不容易的事，但是如果能只專注於目標鮮明的客群，卻充滿無限可能。

美國線上的購物中心Zulity是一家新創公司，在二〇一五年的企業價值高達二兆韓圜以上，一開始經營者並沒有獲得雄厚資本的支援，靠著經營嬰幼兒用品，和三十至四十世代女性相關商品茁壯，雖然只經營一個垂直類別的商品，卻每年銷售額成長超過100％。

Zulity 於二〇一〇年成立，屬於經營育兒用品的小型社群商家。在創業初期經歷因缺乏客戶和數據而無法擴張業務的情況，因此 Zulity 針對個性鮮明傳播力強的年輕母親，提供他們必要的商品和品牌而維持業務。

之後，隨著口碑的擴散，增加了顧客也累積了數據，開始分析數據進行個人化的行銷。由於銷售日漸上升，有名的牌子開始和 Zulity 合作，銷量和商品群也持續增加。不只如此，隨著數據的擴增，分析數據的能力也增強，開始良性循環。自二〇一〇年成立之後，Zulity 創下每年銷售成長＝二倍以上的紀錄。這便是所謂的「保齡球策略」。

保齡球策略就是首先擊中最前面的保齡球，讓它倒下，再依序碰倒後面的保齡球。也就是說，初期對目標客群產生作用後，將獲利再投資，以擴大市場。相反的，如果初期沒有打中目標客群，也不要草率變動目標，要始終專注於第一順位的目標客群。就像防彈少年團以三年的時間，專注於亞洲青少年粉絲下功夫一樣。

譯注4：指專挑對自己有利的顧客。

Zulity 的情況則是以傳播力強大的年輕主婦為第一順位，始終如一，產生口碑獲得信任後，傳播效應發酵，影響年長的主婦、大叔，甚至到學生，品牌和商品群增加，平台也得以成長。由於風險小，此策略如果能夠在初期就奏效，即使是資本薄弱的公司，也有機會能夠擴張事業。

防彈少年團是保齡球策略典型的成功案例，初期針對傳播力強的亞洲地區青少年集中火力，長時間的交流，獲得他們的心。目標客群會如同下列般增加活動：

1 音樂錄影帶（產生興趣）↓ 2 YouTube、V APP 等個人頻道（入坑）↓
3 粉絲團和防彈少年團互相溝通交流↓ 4 直接製作影像內容，對外傳播口碑

隨著之後成果浮現，平台領域也擴大了，「客群擴大」延伸到成人、保守大眾，市場也擴張到美洲、歐洲地區的主要流行音樂市場。並且，不只是網路平台，活動範圍也拓寬到主流媒體和頒獎典禮，專輯的錄製也試圖跨國合作，「服務擴大」也正進行中。所有市場都是因為讓第一個保齡球（初期顧客）成功倒下，才有可能發生後面的結果。

防彈少年團帶著真心和初期顧客溝通，竭盡熱誠為了做好的音樂而努力，全都是真實而美麗的故事。而這個過程，企業經營者有義務去理解，如同此書所詮釋的平台經營原理，這樣我們才能完全應用在產業中，只有這樣，才不會白白浪費了防彈少年團的成功模式。

SUMMARY 8

消費革命

- 為了讓小公司贏得競爭並成長為全球巨頭，首先，必須要先確定目標客群的類型，建立一個忠實於客群需求的獨立空間，搶占市場。其次，是尋找一個可行且有競爭力的成長市場，繼續擴張領域。
- SWOT用於分析公司內外的環境，並確定未來的方向。經營者需要像使用指南針一樣關注SWOT。我們可以確定自己「強」過他人的優勢是什麼？以及找到能發揮這些優勢的成長型市場，投入其中並建立壁壘，可以安全且有前途的運行事業。
- 企業強化核心力量的基礎也是「企業認同」和「組成分子的積極性」。在內部，它是強有力的結合，在外部，企業的方向必須一致被認可，這樣團隊才可以產生加成作用，培養長期的核心競爭力。
- 「保齡球策略」就是首先擊中最前面的保齡球，讓它倒下，依序碰倒後面的保齡球的方法。也就是說，初期對目標客群產生作用後，將獲利再投資，以擴大市場。由於風險小，即使是資本薄弱的企業，也有機會擴張事業。

結語　世事多變但成功祕訣永遠存在

在與成功人士的訪談中可得到一套公式：真誠、努力、堅毅。成功的經營者一致說著以下的話：「秉持一項信念，一路走來始終如一。只要努力，什麼事都可以成功。」當然這話沒有錯，但是在現今的經營環境中，卻有無數滿懷熱情又勤奮的經營者紛紛落敗，到底有沒有和上述成功的經營者不同的祕訣？難道只有入學考試滿分的人稟持「平凡的讀書祕訣」嗎？

筆者執筆寫書的一個重要原因，就是確保讀者不會陷入生存偏見（Survivorship bias）的錯誤。防彈少年團任誰看來都是一個典範、有感情的團體，即使在艱難的環境裡，也都帶著真心，認真努力而取得成功。他們站在弱者和少數人的一邊，為和平而努力，反對偏見。也可以看到他們對於流行音樂市場中的一些種族歧視的黑粉寬宏大量的包容。但是純以理想化的看待他們如同童話般的模樣，甚至想套用在商業模式中，是太過安逸的態度。

有許多優秀的企業家，真心又竭盡全力卻失敗遭受挫折。根據實際的調查統計，作自己想要做的事成功機率只有1至2％。生存偏見是很致命的，因為我們沒有機會聽到大多數失敗者的話，因為聽了極少數成功者的話而開始創業的人，大部分以失敗告終，結果從不懂事驚醒過來，開始從事市場希望的事（而不是自己想做的事），或者想要安全的做和別人一模一樣的事。

基於鼓舞年輕創業者的立場，希望他們單純追逐夢想，想做的事都去做的建議，雖然都是出自善意。但是就管理諮詢的立場，必須揭示商業現實，因為市場是毫不留情的，必須坦白指出錯誤的方向就是錯誤的，對於未來的結果不負責任，為了和尋求諮詢的人維持良好關係，而只講好聽的話，是做為一個經營者的怠忽職守。

韓國掀起一股多角度分析防彈少年團的標竿學習風潮，是值得讚許的現象。但是並不是就這樣跟隨著防彈少年團，就會成就一番成功的事業。重要的不是防彈少年團呈現的的表相，而是要理解他們裡面蘊藏的經營原理。

雖然流行是一時的，終究有一天會結束，但是創造流行的社會性、經營學原理持續在發揮強大的力量。經過多次反覆試驗後，防彈少年團成功了，應該從商業原則的角度客觀的判斷，在這過程中做得好的和錯誤的事情。這樣才能夠阻止管理者草率做出經營決策，而就社會現實面，找到符合企業進行的方向。

筆者於此書集結過去協助企業解決問題的經驗，努力讓讀者未來不必經歷反覆試驗，就能做出正確的經營決策，獲得成功。做出成果只需有幾個必要的方法理論，和解決問題的能力。現有經營書籍裡的理論內容，根據企業的情況不同有其用途，但也有界限。

在此書中，筆者試圖與防彈少年團齊步，簡單說明實際可獲得成效的方案。希望正在經營事業的管理者，或是負責擬定策略的行銷人員，看了此書可以累積實力獲得成果。

解決問題需要進行兩件事務，其一是以假設－驗證的方式、有邏輯性的解決問題，即所謂的「brain job」（以大腦解決問題），以及透過經驗的累積感知能力的「gray-hair job」（隨著頭髮變花白，以累積的經驗解決問題）。儘管一般企業要解決的問題明顯需要靠大腦運作，但是又想要交給十分有經驗的人來解決。因為現在的經營環境急速變化，以經驗為主要解決問題的方式變得困難。特別是像防彈少年團活動的這個時代，過去的經驗在當下的經營環境中很多時候已經無法發揮。盡可能善用寶貴經驗，並以大腦理解事態，挖掘出原理，在現實環境中兩種方法並行是最佳方式。

在急速變化的現代經營環境中，過去很久的經營技法已經和現實脫節，在不知經營原理的狀態下，更無法不顧慮現實，一味照著教科書來行事。現在是低成長的時代，資本和情報扮演要角，因為市場有很多頂尖的競爭者，成功絕對不是輕而易舉。但是儘管世事多變，成功祕訣永遠都存在，因此筆者想要在現代經營環境中提出最具成效的方案。

基於十多年的管理諮詢和業務經驗，我試圖在本書中傳達實際適用企業經營的原則。並非書桌上的高論，而是描述在現實中活生生的實際的方法。雖然防彈少年團的成功要素無法適用於所有產業，但將箇中原理和例子持續咀嚼，努力解決問題，最終可望獲得很大的成果。

參考文獻

- *Big Data War: How to Survive Global Big Data Competition*（2016, Patrick H. Park）
- "BTS First K-pop Band to Top Billboard Album Charts" *Bloomberg News.*
- *Crossing the Chasm, 3rd Edition: Marketing and Selling Disruptive Products to Mainstream Customers*（Collins Business Essentials, 2014, Geoffrey A. Moore）
- *Deleuze and Psychology: Philosophical Provocations to Psychological Practices*（Concepts for Critical Psychology, 2016, Maria Nichterlein and John R. Morss）
- "Despite diplomatic rows, Japan and South Korea are growing closer" *The Economist*
- *Inside the Tornado: Marketing Strategies From Silicon Valley's Cutting Edge*（2005, Geoffrey A. Moore）
- *The Innovator's Dilemma: When New Technologies Cause Great Firms to Fail*（Management of

Innovation and Change, 2016, Clayton M. Christensen）
- “Why the Mona Lisa stands out: Are artistic canons just historical accidents?” *The Economist*
- 江明錫，〈防彈少年「以飯糰打造世界」〉，《IZE》，2016/4/27
- 金尚錄，〈防彈少年團「IDOL」音樂錄影帶觀賞次數突破一億〉，《釜山日報》，2018/8/30
- 金雅領，〈「防彈少年團」泰國粉絲的善行，紀念出道五週年，捐血二十萬ＣＣ…救活一千五百個生命〉，《亞洲經濟》，2018/6/15
- 金英戴，〈脫殼場偶像成為音樂人，探索防彈少年團獲得世界性成功之道〉，《韓民族21》，2018/6/6
- 金理植、朴亨俊，〈「停滯的市場？用「顯微鏡」看吧，裡面藏著寶石」〉，《每日經濟》，2012/9/14
- 金正勛，〈「防彈少年團成功記」ＢＴＳ如何擄獲世界〉，《MoneyS》，2018/6/4
- 金鍾校，〈防彈少年團發射禮炮，請享受慶典〉，《消費者時報》，2018/6/4
- 滾石雜誌，〈「防彈少年團」打破韓國禁忌成功〉，《聯合新聞》，2018/5/30

- 朴慶恩，〈不是大經紀公司也可以，防彈少年團在海外興旺最大的祕訣是？〉，《趨勢新聞》，2017/2/19
- 楊友創，〈「告示牌第一名」防彈少年團寫下新歷史，四大祕訣〉，《premium MK》，2018/5/29
- 劉志英，〈房時赫對「防彈少年團」強調的兩大原則〉，《OhmyNews》，2017/12/11
- 李在勳，〈話題防彈少年團超越川普二倍+小賈斯汀二十倍紀錄…世界第一記錄什麼？〉，《韓國綠報》，2018/5/18
- 李正樹，〈K-POP新歷史，「防彈少年團」…美國告示牌專輯排行韓國首位第一名榮耀〉，《首爾新聞》，2018/5/28
- 李志英，〈「自律型偶像」…（明見萬里），房時赫公開BTS成功祕訣〉，《OSEN》，2018/2/23
- 李河娜，〈「成功的」防彈少年團？即使如此也無改變「溝通+真誠…」〉，《首爾經濟》，2018/6/9
- 秋英俊，〈美國大眾音樂滾石雜誌「BTS的歌曲和千篇一律的K-POP不同」〉，《世界日報》，2018/5/30

- 韓恩華，〈BTS是苦澀青春的「防彈幕」…粉絲召喚粉絲聚集〉，《中央日報》，2018/6/2
- 黃志英，〈BBC「防彈少年團和Psy閃亮人氣不同，將走長遠」〉，《SBS新聞》，2018/1/8
- 黃志英，〈防彈少年團的回歸症候群，外媒也下一跳〉，《日間體育》，2018/8/30
- 〈[特輯 -BTS Alive]②「不是單純的現象」擴張文化的偶像〉，《先驅經濟》

國家圖書館出版品預行編目(CIP)資料

BTS 紅遍全球的商業內幕 / 朴炯俊著；黃秀華譯.
-- 初版. -- 臺北市：遠流, 2019.04
面；　公分
ISBN 978-957-32-8524-3(平裝)
1. 流行音樂 2. 網路行銷 3. 韓國
489.7　　108003600

BTS紅遍全球的商業內幕

作　者　朴炯俊
譯　者　黃秀華
總監暨總編輯　林馨琴
責任編輯　楊伊琳
行銷企畫　張愛華
封面構成　賴維明
內頁設計　邱方鈺
發 行 人　王榮文
出版發行　遠流出版事業股份有限公司
地址：臺北市10084南昌路二段81號6樓
電話：（02）2392-6899　傳真：（02）2392-6658
郵撥：0189456-1
著作權顧問　蕭雄淋律師

2019年4月1日　初版一刷

ISBN 978-957-32-8524-3

新台幣定價 300元
（缺頁或破損的書，請寄回更換）

遠流博識網　http://www.ylib.com　E-mail: ylib@ylib.com

BTS 마케팅 : 초연결시대 플랫폼 마케팅을 위한 완전한 해답